【日本家事女王】本多弘美 監修
今井久惠 圖
蔡麗蓉 譯

【丟棄・分類・收納】3步驟，好運來敲門

超圖解收納術

すっきりをキープ収納術

CONTENTS
超圖解收納術

PART 1 不知不可的收納基本原則

收納の基本原則

PART 2

家中七大空間的簡單收納技巧

廚房收納

客廳收納

衛浴收納

臥室收納

書房收納

和室收納

玄關收納

PART I

不知不可的收納基本原則

不管怎麼整理，家裡老是凌亂不堪嗎？
添購收納家具前，先了解五大收納基本原則，
無論房屋格局、東西多寡，都能輕鬆整理。

大家好，我是暮夜子。
我有個困擾許久的問題……
收納術
你也有同樣煩惱嗎？
我家的東西經常找不到回家的路，
總是不知道躲在哪裡。
很重耶～
呼～得救了
找到爸爸的皮帶了——
嘿咻嘿咻
還有，總是覺得家裡很擁擠。
需要面紙的人再跟我說
好——
掉落
什麼東東？
叮～咚
請問有人在家嗎～？
這個聲音是…？

這位是隔壁鄰居佩琪子小姐。
整理高手
這是剛剛烤好的麵包，請大家一起享用
唉呀……
餐桌上擺了太多用不到的東西了～
書就要放在書櫃上！
玩具要放進玩具箱！
衣服要放在衣櫥裡！
用完後就要各自物歸原位！
只需要隨手之勞
整理完後我再來泡茶
那個
……沒有地方可以收納啊
轉
沒錯
Book
我們自從來到這個家
一直都被四處亂放
真是委屈你們了
乖乖
我家也好想買個像妳家一樣的書櫃喔～～
看起來很能塞

等一下！
在這之前，還有比買書櫃更重要的事情吧？
嚴厲
咦？
光是增加收納空間
總有一天還是會爆滿……
所以應該先減量才對
不需要的東西，就應該丟掉。
知道了～等週末就來清理～
現在馬上做！因為到了週末一定又會偷懶
遵命……
這邊的雜誌都已經過期，還要留嗎？
啊～本來是想等剪貼完後，再來處理的——
佩琪子好強——
老是這麼說……結果放在那裡已經幾年了？
第5年了……
好，那就丟了吧～
順便也把衣櫥整理一下
這是什麼？
沈甸甸
這件啊——穿起來真的超級保暖
又軟又舒服而且很貴呢！
好懷念～
懷念？所以是……已經沒在穿了嗎？
因為穿起來顯胖、衣服又重，所以很久沒穿了。
那就要丟掉

什麼?!
這件充滿了許多回憶，好捨不得把它丟掉……
嗚嗚
嗯……
無法決定的話要不要先保留?
先保留嗎?
真的無法馬上決定要丟掉的東西，也可以先保留喔~
不過要注意別太依依不捨了
回憶雖然很珍貴，
但是，用不到的老舊物品，除了佔空間，還會影響目前生活的舒適度，那就太得不償失了。
對吧?
我會認真整理的……
她的家裡一定非常乾淨又整齊~
佩琪子好厲害
好吧，我要在5秒內決定，東西要留、還是要丟!
幹勁十足
5 sec.
果斷
加油——
無法決定就先留下來；
然後……
將捨得丟的東西，一股作氣地通通丟掉。
結果——
zzz

沒想到居然有這麼多不要的東西！
份量驚人
暮夜子，我進來囉……
哇！怎麼回事？
我只是突然想到該整理一下
對了，有什麼事嗎？
整理高手
對啊，對了，對了
妳有看見我放在客廳那本釣魚的書嗎？
???
那是向朋友借來的
之前給你學校的講義明天要交喔～
給我吧——
放到哪去了？
我記得剛才好像還放在這裡的，但是……
該不會!?
糟糕……
想太多，就會心生猶豫而捨不得丟；
講義快點出來！
為什麼連我的勞作也丟了？
連我的食譜書也丟了
我還要看耶
喂
對不起……
但是，想也不想就亂丟的話，可能會不小心扔掉「不能丟」的東西。
想要成為整理高手我看還久得很咧……

我們來看看，真正的整理高手，是如何整理的。
我可以整理一下你的書櫃嗎？
好像又要爆滿了……
家人的東西，須經本人同意後，再定期的處理掉
絕不會擅自丟掉
定期整理，家中的公共空間，才能常保整齊。
對了……佩琪子
我的空間，好像慢慢在減少耶？
多給我一點空間啦～
老公的空間
佩琪子的空間
不好意思，人家就是需要這麼多空間嘛～
這些回憶，就是人心的支柱
我幫你把書整理掉囉
拜拜
佩琪子對別人的物品取捨很乾脆，
但對於自己的個人物品，卻常常猶豫不決……

無法整理的六大原因

為什麼想整理，卻無從下手？

老是想著要動手整理家中，但亂的速度總是比收拾快，你是不是經常覺得很無力呢？趕快來看看，問題究竟出在哪裡！

你是不是常為「不會整理」找一堆藉口？

不會整理？還是懶得整理？

各位先環顧一下自己的房間，你自認整理得很整齊嗎？亦或是看完的雜誌隨手擺在桌上、收進屋子裡的衣服就直接堆在沙發上、整個房間亂到不行呢？

「從以前就不太會整理」、「明明沒有亂丟東西，但是房間就是亂七八糟」、「就算有整理，但是過沒幾天又會開始凌亂不堪」等等，這些都是「不知道為什麼，家裡總是一團亂」的人經常出現的煩惱，問題就出在自己不清楚亂成一團的原因，所以很容易把「不會整理的原因」全推到「遺傳、個性」、「血型的關係」等藉口上，這樣根本無法解決問題。

家中常常一團亂的原因，正潛藏在自己下意識的一舉一動、居住環境以及個性等因素中。「不會整理」的原因可區分成六種，接下來將一一說明，請大家從中找出不會整理的原因，再找出解決方法，透過適合自己的方式，將家裡整理乾淨。

原因 1

找不出時間整理

先從每天抽出五～十分鐘開始。

工作太忙，或是休閒娛樂多，幾乎每天都很晚回家。

這類型的人，口頭禪就是「每天都很忙」，不管是加班或約會，到家時間都很晚，因而抽不出時間來整理。不管有多忙，先從每天抽出五分鐘或十分鐘來整理開始，這就是讓房間變整齊的第一步。

喂
不如現在就來打掃吧？
我現在正在打掃啊……

生活習慣與性格

- ☑ 休假日幾乎都會外出。
- ☑ 工作很忙，回家只會睡覺。
- ☑ 拖很久才會檢查廣告 DM。

原因 2

家中一團亂，不知道從哪下手才好

先把地板上不要的東西丟掉，就完成一半了。

房間東西又多又亂耶
我什麼都看不見～

環顧整個房間後，發現一片混亂，直接放棄整理。

環顧整個房間後，因為亂到不行，結果不知道從何下手。不妨先將地面整理乾淨，把不要的物品處理掉；只要將不要的東西丟掉，就已經完成一半的整理了。

生活習慣與性格

- ☑ 容易眼不見為淨。
- ☑ 很多事情總是拖很久才做。
- ☑ 個性容易感到壓力。

原因 3 個性念舊，習慣保留物品

想一想，你真的需要留著嗎？

什麼東西都捨不得丟，
對於舊物和回憶太過依依不捨。

明明知道非丟不可，但總認為「可能還會用得到」、「還能用的東西丟了太可惜」、「因為很貴所以捨不得丟」，所以家中東西會不斷增加。仔細想想：這些東西，你真的需要留下嗎？

生活習慣與性格

- ☑ 會把附贈的調味包留下來。
- ☑ 不會再穿的衣服，卻因為很貴而留下來。
- ☑ 票根捨不得丟。

原因 4 家人不幫忙，只有自己在整理

找出每個人亂丟東西的原因，改善它。

總是只有自己在整理，
相反的，家人的東西都隨手亂丟！

明明每天都有整理，但是家人不幫忙維持，還增加亂象，東西隨手擺、到處丟。先要求每位家人都要學會自己整理，並且養成整理個人所屬空間的習慣。除此之外，要了解家人「東西亂放的原因」也很重要。

生活習慣與性格

- ☑ 家人會把換洗衣服或鞋子亂脫。
- ☑ 私人物品也到處亂丟。
- ☑ 衣服從衣櫥取出後會變反面。

原因 5 覺得整理好麻煩，根本不想動手

每天動手整理一個小區域。

一想到要整理，就覺得好麻煩，反正沒人看見，乾脆就不收拾了！

典型的懶惰鬼，即使房間亂到不行，也會視若無睹，一再拖延整理時間。如果你是這種怕麻煩的個性，只要每天一點點地慢慢整理，家中就會變整齊，無須一次做完。

生活習慣與性格

- ☑ 休假日一整天都會穿著休閒服或家居服，更懶得化妝。
- ☑ 東西一拿出來，就不會歸位。
- ☑ 下定決心「整理」到開始動手，需要很長一段時間。

原因 6 家裡太小，沒有收納空間

想一想，你是否常買不需要的東西回家？

空間不夠大、東西沒地方放，久而久之家中便凌亂不堪。

因為家裡很小，沒有收納空間，所以東西隨便亂擺，結果家中亂成一團。先檢討一下：現在這些東西，你真的需要嗎？不要的東西就處理掉，學習更有效率的收納方法。

生活習慣與性格

- ☑ 家中可收納的空間太小。
- ☑ 書本與雜誌層層堆放。
- ☑ 衣櫥裡塞滿衣服。

整理乾淨
好處多多

整理收納後，好運、驚喜跟著來

房間亂七八糟，也知道整理乾淨比較好，但是到底有哪些優點呢？現在就來看看整理完畢後，有什麼好運降臨吧！

只要「整理、收納」，
好運就會接著來。

別把時間浪費在「找東西」上

看到房間亂成一團，真的讓人提不起勁，也會影響自己對生活的態度，變得愈來愈怠惰。雖然很多人認為，「在家就想好好放鬆一下」，但是待在亂七八糟的房間裡，心情根本無法放鬆。

而且**當你常常找不到東西時，更會感到心情煩躁，不知不覺間，壓力反而會愈來愈大**。其實只要將房間整理乾淨，就會覺得神清氣爽，而且還能招來好運。

比方說，經過整理後，會發現以為已經不見的東西，說不定還會找到錢；就算有久未聯絡的朋友突然來訪，也能毫不遲疑地邀請對方來家裡；當和故友重新搭上線後，自己的人脈也會變廣，當常有朋友們來訪時，你自然會想保持家中乾淨整齊的狀態。再者，家裡變乾淨後，外食也會減少，因為你會漸漸愛上窩在家裡喝一杯的感覺，就有更多時間可運用；除此之外，你也會發現自己變得積極主動，想要去挖掘新的興趣，人際關係就會變得更廣……讓每一天都既快樂又充實。

happy 1

時間變多了，能做更多自己喜歡的事

物品確實地收納，放在固定位置，就不用再浪費時間「找東西」。

你是否曾經因為房間凌亂不堪，所以在找東西時浪費很多的時間呢？只要將物品確實地收納在固定位置，需要時馬上就能找得到，不用再浪費時間翻找，心情也會輕鬆許多，也能將時間花費在自己感興趣的事物上，度過充實快樂的每一天。

happy 2

避免花錢買同樣的東西，省下小錢

東西收納在固定位置，需要使用時，馬上就知道放在哪裡。

房間亂糟糟時，因為想找的東西找不到，所以就會重複購買。例如感冒藥、指甲剪、挖耳勺、電池這些小東西，只要沒有放在固定位置，就很容易找不到。把房間整理乾淨，再規劃物品的固定位置，就能避免重複購買、浪費錢的情形。

happy 3

隨時能邀朋友來家裡，拓展人際關係

隨時都能邀請朋友來玩，人脈變廣，就算有人突然來訪也不怕。

房間亂七八糟的話，根本不敢邀請朋友來家裡玩。稍微整理一下就能變乾淨的時候，倒不成什麼問題，不過當家裡實在亂到不行時，就會猶豫該不該請朋友來家裡玩。將房間整理乾淨，就能隨時準備好招待朋友和訪客，如此一來人脈就會變廣，也才有更多機會認識新朋友。

happy 4

乾淨整齊的桌子，事業運、學習能力UP！

文件整理整齊後，效率不但會提高，還會更有自信。

各位的書桌、辦公室周邊，是否有整理乾淨呢？要是文件與書本堆積成山的話，想要找份需要的文件時，還得花時間找，讀書或工作很容易就被中斷、難有進展。所以工作文件或讀書用品要整理得整整齊齊，效率才會大幅提升，事業運或學習能力就能大幅提升囉。

happy 5

整齊的環境，能讓心情放鬆，壓力也解除了

在整齊的空間中能夠好好放鬆，才會神清氣爽、恢復精神。

房間亂成一團時，根本無法在房間裡好好放鬆，壓力也會愈來愈大。而且想找的東西沒辦法馬上找得到，心情會更加焦躁。與其在無法放鬆的房間裡休息，不如將房間整理乾淨，窩在房間裡才能讓身心都獲得放鬆，舒適的環境才能讓心情平靜下來，每天的壓力也才能獲得抒解。

happy 6

產生積極主動的心情，願意嘗試新事物

在整理乾淨的生活空間中，就能打起精神將夢想付諸行動。

房間整理乾淨，想要的東西就能馬上找得到，不再因「找東西」感到壓力，心情變得愉快；如此一來，心態也會變得積極主動，使目標更加堅定。而且凡事都能勇往直前，也就離長久以來的夢想更近一步了。

開始整理
第一步

丟不丟？用四大原則馬上判斷

明知道丟東西時最好別想太多，但還是常猶豫不決、捨不得丟。不知道如何下手的人，就依照以下的四大原則，決定該留、或是該丟。

五秒內立刻判斷：這個東西留下來，你會開心嗎？

順從第一時間的直覺，做取捨

你是不是曾經有過突然發現東西堆積成山，都快從衣櫥和櫃子裡爆滿出來的經驗呢？這時候一定要記住，開始動手整理之前，先將不要的東西丟掉。也就是說，東西愈少，整理起來也愈輕鬆。**只要先把不需要的東西丟掉，「整理」就幾乎可說是已經完成大半了。**

不過，也不能隨便亂丟一通，在丟掉之前先想想看，你留著這個東西，「會不會感覺開心」？畢竟要不要丟掉、該怎麼處理，最終還是得由自己做決定才行。比如說整理衣櫃時，想想看：留著這件衣服，你會感到幸福嗎？還是有沒有都無所謂？在準備丟東西時思考這個問題，**並且盡量在五秒內作決定**。接下來，不需要的東西可以拿去跳蚤市場、義賣活動、網拍，或是送給別人，思考如何處理。

丟東西時，基本上須以**「留著它，我會感到開心嗎？」**作為分辨的基準，這樣一來，留在身邊的都是讓你感到幸福的東西了。

● 衣物、書本、紀念品，該如何取捨？ ●

1 過季或很久沒穿的衣物，先全部集中

退流行的衣服以及一、兩年沒拿出來穿的衣服，是不是還留在衣櫥或房間的各個角落呢？先將大量的衣服集中在一個房間，再堅定地做出取捨。

款式雖然過季了，
但是很貴所以捨不得丟

想想看，以後還會拿出來穿嗎？

認為這個款式還會再流行，所以捨不得丟的話，在檢查現有的衣服前，先訂下規則，例如〇年前的衣服就一定要丟掉。

變胖後穿不下的衣服，
想留下來等減肥成功後再穿

整理和減肥一樣，重點在於有沒有決心

先訂下目標，認真減肥吧！如果還是瘦不下來的話，就得下決定心來把不合身的衣服處理掉。

2 先別管材質價格，想想多久沒穿？

塞不進鞋櫃的鞋子當中，有好幾雙已經很久沒穿了。其中是不是有腳跟已經磨損、卻還是捨不得丟的鞋子呢？先確定一下你會不會再穿。

鞋跟已經磨損了，
但鞋面是真皮材質，捨不得丟

不會送去修理的鞋子，還不如直接丟掉

真皮是從有生命的動物身上取下來的，所以捨不得丟的人，不如用感恩的心情，將完成任務的鞋子丟掉。

雖然很久沒穿了，
但是高價購買，所以不能丟

很久沒穿的鞋子，以後也不會再穿了

不想穿了，卻因為「當時花很多錢買」，而捨不得丟。其實如果超過一年沒穿的鞋子，之後也不會再穿，不如乾脆處理掉。

3 用五秒判斷原則，決定書籍去留

自己有興趣的書本或雜誌，有時也會多到塞不進書櫃裡。先用「五秒內開心原則」判斷是否要保留這些書本，DM 和雜誌則將需要的文章剪貼下來存檔即可。

有些資料和訊息，
之後可能會派上用場

並非整本書或雜誌的內容，都有保存的價值

尤其是雜誌類，並非全部的內容都有保存價值，將需要的部分剪貼下來存檔後，就可將整本過期的雜誌處理掉。

賀年卡、生日卡、
賣場 DM……捨不得丟

訂下固定整理和保留期限，超過時間就丟掉

賣場的特價宣傳 DM，若過期了當然就要丟掉，至於賀年卡和生日卡，可以規定自己待裝滿一個箱子後，就整個處理掉。

4 小東西或紀念品，可以先暫時保留

整理小東西或紀念品時，最容易令人猶豫不決這些物品的去留，放棄充滿意義的物品，真的很難抉擇，如果還有收納空間時，不如先暫時保留下來。

用膩的包包或首飾，
因為很貴所以捨不得丟

受到「價錢很貴」的設限下，有時可以先放到猶豫箱中

舉凡首飾或名牌包包這類價格較昂貴的物品，可以規劃一個「猶豫箱」，另行保管。

信件或絨毛娃娃，
愈有紀念價值的愈捨不得丟

在整理的過程中，建議可設置一個「緩衝區」

丟掉會感到難過的絨毛娃娃，不妨送給好朋友或家人，之後再請他們處理掉。

column1

緊急狀況！有客人臨時來訪，怎麼辦？
簡單又不花時間，快速整理的 8 個步驟

來不及整理家中、客人又即將來訪時，輕鬆又快速的整理秘訣！

重點 將散亂四處的東西，收在看不見的地方。

STEP.1 將地上散亂四處的東西，通通裝進袋子裡

先整理平常亂丟在地上的東西，依照不同場所、不同種類，分裝在不同袋子中，之後整理起來就會很方便。

STEP.2 接著，將桌上亂擺的物品，也都收到袋子或櫃子裡

散亂在桌上的物品，以及平常亂擺著習以為常、但其實根本是亂放的東西，都先收到袋子或放入櫃子裡。

STEP.3 清潔灰塵時，由「高處」往「低處」掃

將地板上或桌上的東西清空後，再從高處往低處將灰塵快速擦、掃過一次。

STEP.4 打掃時，由「角落」往「中央」進行

堆積在房間角落的厚厚灰塵，可用除塵紙拖把等打掃工具，由角落往房間中央清掃乾淨。

STEP.5 迅速將衛浴打掃乾淨，最後換上新毛巾和肥皂

洗臉台或廁所，須將馬桶尿漬、排水孔頭髮、鏡子和水龍頭等重點擦乾淨，再換上新毛巾與肥皂。

STEP.6 把放在玄關的鞋子收好、擺整齊，將灰塵掃乾淨

將玄關處亂放的鞋子擺放好或收進鞋櫃，灰塵打掃乾淨，對講機的髒汙也要擦乾淨。

STEP.7 廚房不用大整理，只須清理「看得見」的地方

坐下後，用客人的視線檢查室內環境，再將廚房中視線所及的地方整理乾淨即可。

STEP.8 用裝飾營造視覺重點，讓訪客的目光集中

在客人進屋後馬上會注意到的地方，利用布料織品或花朵等裝飾營造出視覺重點。

FINISH!!

收納の基本原則 1

遵守物品演變三部曲：帶回、保存、消失

你常覺得整間屋子被東西塞滿，很想動手整理嗎？在學習如何收納前，先了解有關「物品演變」的基本原則。

「帶回、保存、消失」的過程

我們每天都會從外頭將某些物品「帶回」（IN）家中，再將帶進家中的物品「保存」（STOCK）在家裡某個地方，收納或暫時擺放。當物品用完或被處理過後，就會從家裡「消失」（OUT）；所有的物品都會有以上的演變，**讓「IN・STOCK・OUT」的變化順暢進行，這就是保持家中整齊清爽**，最基本的收納一環。

memo

家中的物品，有 1/4 是不需要的！

一般來說，家中有一半是「需要的東西」，1/4 為「不需要的東西」，剩下的 1/4 則為「可有可無的東西」。所以要時常檢查家裡的物品，讓不需要的東西消失（丟掉、回收、送人或賣二手），也要分辨這些東西究竟是「可有可無」或是「不需要」，再加以處理掉。

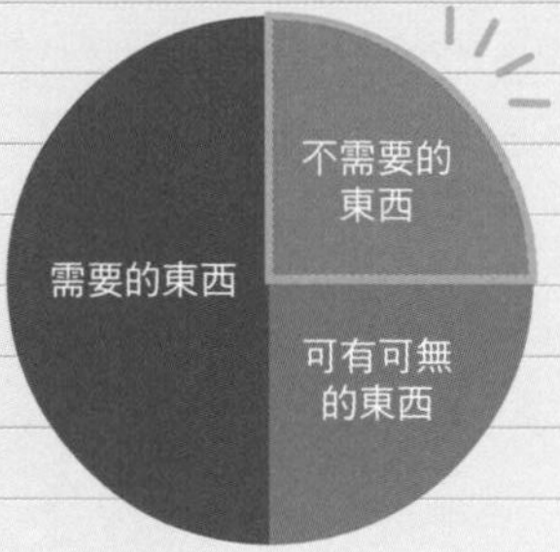

OUT
消失

當家中物品太多時，就要處理掉

丟掉、送人、回收、轉賣，讓東西從家裡消失，就是「OUT」。只保留真正需要的東西，多餘的東西就要定期丟掉。

STOCK
保存

規劃每個東西的專屬位置

將從外面帶進家中的東西收納、保存起來，就是「STOCK」。收納時，也須了解物品的特性，放在方便取用的地方。

IN
帶回

只選擇真正需要的東西

從外面將東西帶入家中，就是「IN」。除了花錢購買之外，還可能來自朋友的餽贈、禮品、禮物等，有些未必是自己真正想要或需要的東西。帶回物品時要慎選，只能讓需要的東西成為「IN」的一分子。

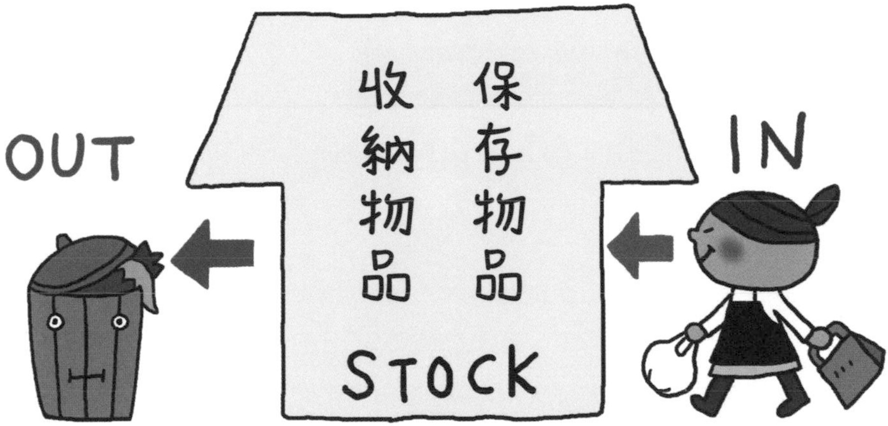

讓物品遵守「帶回⇨保存⇨消失」的流程，就是收納首要基本原則

收納の基本原則 2

養成讓物品定時消失的習慣

想讓房間維持整齊清爽，就必須確實讓物品「消失」；決定讓物品消失時，如何才不會三心二意呢？

學會丟東西的原則與分辨重點

有些人老是為了房間沒有整理，到處亂七八糟而傷腦筋，而這些人最大的特徵，就是「**不會丟東西**」。所以一旦買了太多東西，就會造成無處收納的窘境。

按照常理來說，家裡不需要的東西以及可有可無的東西佔了整體的1／2，只要能夠一口氣將這些東西全部處理掉的話，家裡就會整齊清爽許多，因此收納時一定要知道丟東西不會三心二意的方法。

• 丟東西時的三大簡單原則 •

1 別貪心，一次整理一點就好

不必一次把整個家裡處理完畢，只須每天整理一個小區塊，例如「今天整理這個抽屜」等等，在合理範圍內進行即可。

2 限定整理的時間

限定整理時間為五分鐘或十分鐘，訂出一個時間範圍，就能果斷且有效率地完成整理作業。

3 五秒內，馬上判斷

需要的東西與不需要的東西要在「五秒內下判斷」，超過五秒以上還無法決定去留的物品，就是「可有可無的東西」。

• 六大分辨重點，找出一定要丟掉的物品 •

1 超量的衣服和書籍

限定「書本只需要放得進書櫃的數量」、「衣櫥裡的衣服不能超過衣架的數量」等等，一旦數量超過時，就要動手處理掉。

2 壞掉、不能用，或是骯髒的物品

壞掉了不能使用的東西，或是損傷與髒汙嚴重，今後不打算再使用的東西，全部都要處理掉。只留下修理好後會使用的東西。

3 絕對不會再用到的東西

很確定今後不會用的東西，或是以前用過，但現在不會再使用的東西，都要處理掉。

可以感覺到
過時了

4 忘在某個角落、塵封已久的東西

放在抽屜或箱子裡的東西，沒打開看便想不出裡頭是什麼的東西，就要加以處理掉。

這裡頭到底裝了什麼呢？
嗯—

5 設定使用和留存的期限

設定保存期限或使用期限，例如考慮一個禮拜再丟掉、使用一年看看再丟掉、雜誌過期三個月就丟掉等等，設定期限。

MTWTFSS
你們的命運
將在一週內作決定

6 就算沒有，也不影響生活、無所謂的東西

就算沒有也不會感到不方便的東西，可直接視為「不需要」，只保留「沒有會很傷腦筋」的東西。

但是很傷腦筋
你們的命運將在一週內作決定

放進「猶豫箱」的物品，也要定期再次確認

在 p26 的「丟東西時的三大簡單原則」第三點中，凡是猶豫不決的東西，可以放進事先準備好的「猶豫箱」中。在箱子外頭寫上日期與目的，例如「至〇年〇月前沒使用的話，就要處理掉」等文字，定期檢查。

收納の
基本原則
3

依照物品的特性，先分類，再收納

經常找不到東西，大多是沒有好好規劃家中收納的地方。收納的關鍵，在於「分類」，依照自己的生活型態和物品特性，好好規劃收納物品的地方。

分類基本原則：食、衣、住

將不需要的東西丟掉後，接下來就要進行收納。很多人在收納時最煩惱的，就是「**不知道該將這個東西收在什麼地方**」。首先，**先思考東西屬於「食、衣、住」哪個類別**。

舉例來說，「衣服」屬於「臥室」，「食品」屬於「廚房」，「居家相關用品」屬於「客廳」，只要依照這種方式分類統一收納的話，就不會混雜其他種類的東西，收納起來就會很整齊。現在就開始動手分類家裡的物品吧！

Step 1 將家中的空間，依照「食衣住」區分

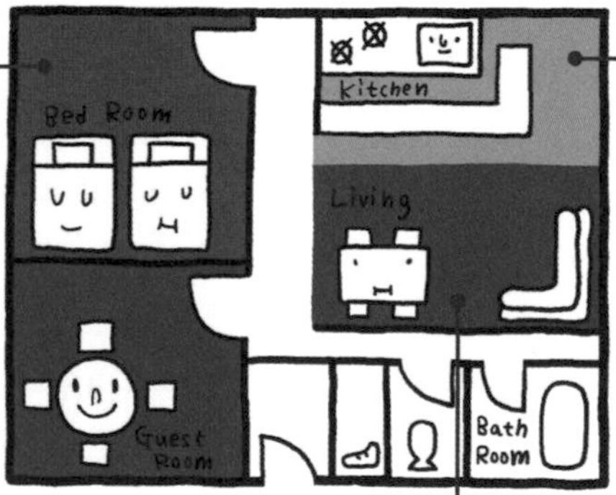

食

收納各種食物和食品

廚房、餐廳、食物儲藏區

做菜的地方、用餐的地方、保存食品的儲藏區

住

工具、打掃或維修用品、消耗品

客廳、儲藏室

擺放家具、家電、文具等物品的客廳，以及收納打掃工具的儲藏室

衣

穿戴在身上的物品以及所有布料織品

臥室、和室

棉被或衣櫥，以及存放衣服的臥室

Step 2 將一個房間，分類成「食衣住」不同區域

衣

放置身上穿戴衣物和布料織品的區域

衣物暫時放置區

小朋友的尿布或內衣褲、外套或帽子等物品暫時放置的空間

住

擺放家具或工具的區域

客廳、沙發

擺放桌子、椅子、電視、影音設備的空間

食

和飲食有關的區域

餐廳

餐桌周邊、食品放置區

Step 3 收納櫥櫃，也要依照「食衣住」進行分類

住 **收納家具、工具、打掃或維修用品**

居家用品櫃

ＣＤ、ＤＶＤ等影音相關用品、文具、郵件、打掃工具、維修用品等等

衣 **收納身上穿戴物品或布料織品**

家具的抽屜

餐墊、抱枕套

食 **餐墊、抱枕套**

餐具櫃

零食、即溶飲品、正在服用的藥品

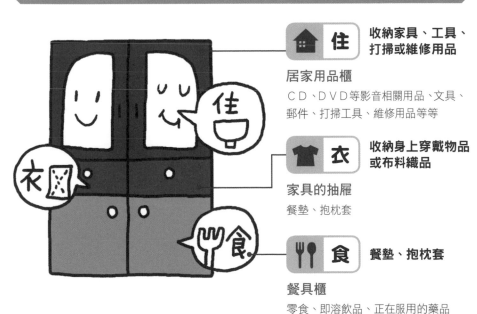

將物品分類，再依同類型收納

將家中區域、房間、收納櫃依「食衣住」項目分類後，收納在其中的物品也要再依照「食衣住」分類，整理放置同一個區塊中。

舉例來說，**在客廳和餐廳，「衣」的區域可收納在客廳和餐廳使用的布料織品，「食」的區域可收納吃飯時會使用的食品和餐具，「住」的區域則可收納打掃用具和家中備品等等**，再將這些品項用相同邏輯，依照「食衣住」分類收納在不同區塊，自然就會很整齊。

Step 4 將每各個物品，依「食衣住」分類後，再收納

衣

客廳 & 餐廳所使用的布料織品

桌巾、餐墊、抱枕套

食

在餐桌旁周邊會使用的相關食品

小朋友的零食、調味料

住

打掃用品、維修用品、工具、消耗品

面紙、急救箱、文具、筆記用品、雜誌類、餐具、卡式爐、電話、傳真機

Step 5 分類好的物品，要收納在同一個地方

[平面圖解] 食、衣、住三類物品，該放家中哪一區？

住

擺放桌椅、電視、影音設備的空間中，會使用到的打掃用品、維修用品、器具、消耗品

食

餐桌旁或食品區所使用的物品

衣

外套或帽子等物品的暫時放置區、客廳和餐廳所使用的布料織品

收納の基本原則 4

分類後，決定收納的固定位置

物品依照「食衣住」分類後，接下來就要規劃「收納」的位置。養成東西用完後收納整齊的習慣，就能減少亂丟的情形。

收納在方便取用的地方

整個家裡、個別房間、收納櫥櫃以及各個物品分類完畢後，接下來就要思考收納的位置。收納物品時，**想像一下自己在使用的畫面**，原則上須盡量存放在靠近常使用的地方。

先觀察自己的動作，**思考一下這些東西收納在何處使用起來最方便**，再規劃擺放的固定位置。拋開「東西應該放在哪裡」的迷思，思考最佳收納方式，提高做家事的效率。

● 東西應該放在哪？先問自己三個問題 ●

1 你會在這個地方「做什麼」？

針對「使用地點」思考，也是一種不錯的方式。先想想「會在這個地方做什麼」，再決定須收納什麼東西。

嗯嗯——

沒錯會用到很多東西

2 在這裡你會使用到「什麼東西」？

最理想的境界，就是想用時馬上就能拿到所需的物品。先思考「會使用什麼東西」、「有什麼東西會最方便」，再將東西收納在使用的場所附近。

3 有了就會「很方便」的東西是什麼？

收納時，並沒有「非得這樣做不可」的條件限制，所以也可以在玄關放置毛巾或剪刀。千萬不能受刻板印象影響，自行判斷即可。

濕了可以馬上擦乾
也可以馬上把DM
拆開來看

• 先從玄關開始，規劃物品擺放位置 •

1

會在這裡做什麼？

先想想看，你會在玄關做什麼？有時也會因為天氣的關係，而使用到不同的物品。

穿脫鞋子

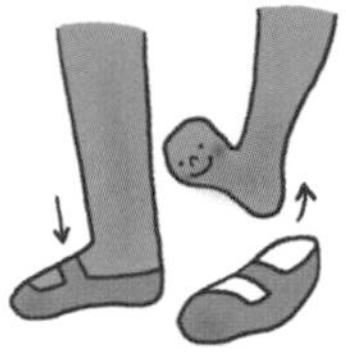

擦鞋子

下雨天外出

2

會用到什麼東西？

針對不同的行為，將需要的物品彙整在一起，接下來，只須將物品收納在這個地方即可。

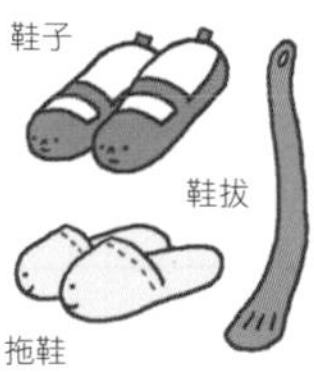

鞋子和鞋拔是穿鞋時必需的物品。必要的話，也可以放置拖鞋。

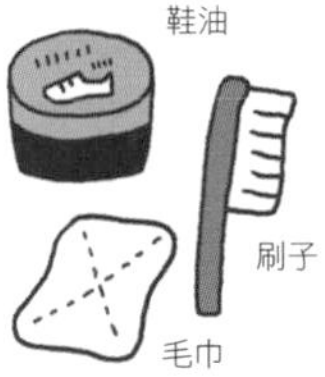

擦鞋時必需的器具，須整理成套。

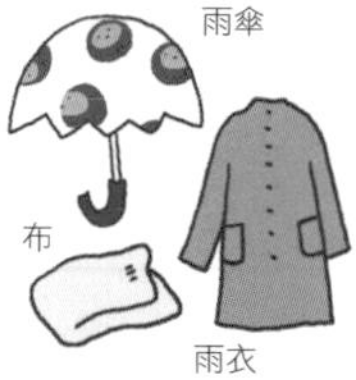

下雨天外出時需要的雨衣、將淋濕物品擦乾的毛巾也能放在玄關，使用起來會更方便。

3

有了就會很方便的東西是什麼？

想想看，在玄關有了什麼東西會更方便？而瑣碎的東西可以放進小物收納箱中，以方便使用。

收取郵件

收取郵件時必需的各式用品，須統一收納在玄關。

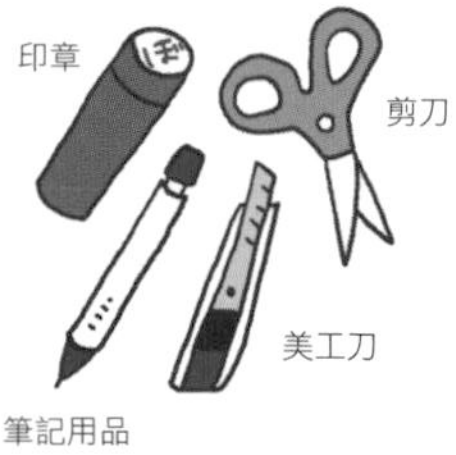

收納の基本原則 5

方便取用、容易收納的三大技巧

如何將家中空間最大化？

規劃出物品收納的固定位置後，接下來要思考「在這個地方，應該如何收納」。**原本收納的目的就是要活化室內空間**，以方便使用為原則。想將空間活用至最大極限，最重要的就是配合「**高度**」、「**縱深**」、「**容量深度**」進行收納。

只要善用以下三點：「有高度的地方使用層架」、「有縱深的地方利用伸縮裝置」、「容量深的地方採用直立式收納」，這三大收納技巧，就能實現兼具取用容易且存放方便的收納方式。

TECHNIQUE 1

有高度的地方，加上層架

有高度的地方只要加上層架，就能裝進許多物品，方便拿進拿出。頻繁使用的物品可收納在視線等高的位置，善用層架，就能打造出適合個人使用的櫃子，十分推薦大家使用。

TECHNIQUE 2

有縱深的地方，利用伸縮裝置

有縱深的地方可多利用「伸縮」裝置，除了抽屜外，還能善用伸縮桿、托盤，甚至是一片塑膠板。舉凡像暖爐或行李箱等大型物品與較重的物品，只要裝上滑輪就能輕鬆拉出，十分方便。

TECHNIQUE 3

容量深的收納櫃，物品要直立放

容量較深的抽屜，可將物品直立起來放。而且衣服折好後立起來收納，會比層層疊放更加一目了然，十分推薦大家利用這種收納方式。抽屜裡頭可再加上專用的分隔層架區分，拿進拿出時就會更加容易。

• 將三個技巧用在壁櫥、衣櫥的收納 •

給收納新手的超實用分類「關鍵字」

「分類」沒有一定的規則，自己使用起來方便，就是最佳的分類方式。如果你正要採用前面的收納基本原則開始整理家中物品，可以先參考以下各式分類關鍵字，選擇最適合自己的方式。

使用頻率

依照使用頻率進行分類，例如「每天」、「每週一次」、「很少使用」等等。

季節

例如寢具或衣物，每個季節使用的東西都不相同時，可在前方收納當季物品，後方則收納過季物品，再適時抽換使用即可。

家中成員

依照家中每一個成員分類整理，或者用更簡單的方式，依照每個房間進行分類。而共用的物品，則收納在公共空間。

內容物的狀態

例如液體、粉類、固體……等等，依照內容物的狀態分別彙整在一起。

高度、形狀

將相同形狀的東西依照高度或種類進行分類後，就能更有效率地進行收納。

不同品項

餐具的話，可整理成不同品項，例如「湯盤」、「飯碗」、「馬克杯」……等等，此作法最大的優點就是，人人都能一看就懂。

不同包裝

食品的話，可依照袋子、箱子、瓶子、罐頭、酒瓶等包裝方式進行分類。

不同使用狀況

依照使用中的物品、未使用的物品、備品等使用狀況進行分類，使用中的物品則要放在方便取用的地方。

不同主題

例如休閒相關、宴會相關等不同主題，同時使用的物品可以放在一起收納。

PART 2

家中七大空間的簡單收納技巧

了解五個收納基本原則後，
試著來動手整理家中最常見的七個空間吧！
廚房、客廳、房間、玄關、陽台、書房……放在不同房間、
空間的物品，該如何正確分類並有效率的收納呢？

只有一件的話，應該還放得進去

今天要去遠足～要帶便當喔！
興奮 開心
要用分隔杯還有可愛的叉子幫我把便當裝飾得漂亮一點喔！
咦～？家裡有那些東西嗎
便當盒夠可愛就行了裡面隨便擺就可以了啦……
便當就是要拿給大家看的
妳看
媽媽幫人家找找看嘛
我記得應該是放在這個抽屜裡……
亂七八糟
嗯～～～怎麼沒有呢
可能收到上櫃去了
因為很少拿出來用……
急急忙忙
咚咚咚
咚咚
啊——這個蛋糕模型我找很久了！
怎麼會放在這呢？
媽媽！！
好啦好啦～最重要的便當裝飾品在哪裡呢？
居然放在幾乎拿不到的櫃子深處
唔
這時候就得靠我啦
謝謝爸爸——
不好意思，上班前還叫你幫忙
咦……肚子上的游泳圈
戳
好像又變大了！？
要幫爸爸做些健康的菜色才行，
突然想到昨天電視上有說
黑醋最健康
家裡應該還有黑醋……

這裡還有沒用過的衛生筷
黑醋咧？
居然還有巴薩米克醋
找到了！
但是……
保存期限已經過了很久了……
反正原本就是黑黑、酸酸的，應該沒關係吧？
唉～無所謂，反正是要給爸爸吃的。
而且熱炒黑醋料理也都做好了，只剩裝進便當裡而已
話說回來
孩子她爸，昨天的便當盒在哪裡？
好吧
忘記拿出來了……
啪噠啪噠
噗～
好臭
嗯——預備用的便當盒放哪去了？
媽媽——我要出門囉
啊……應該可以這樣用
路上小心
到了公司
哇～～課長今天帶愛妻便當
真—好—
可愛的分隔杯
保鮮膜
湯汁溢出
今天早上找到的蛋糕模型
喔——
感受到夫人對您的愛呢～
結果爸爸好像沒什麼不舒服的感覺。
黑醋好吃

廚房收納 1

先找出最常用的廚房物品，再分類

常用的物品，要隨手可得

廚房會堆滿各式各樣用具和食材，先整理出常用到的物品，放在方便使用的地方。如何挑選常用物品？想想看「經常用到的東西是什麼」以及「使用頻率」；接下來想想「會在什麼地方使用」，將經常使用的物品放在方便使用的地方即可。**數量夠用即可，無需囤積**，這一點也非常重要。

找出最常用的物品，將「水槽下方」、「瓦斯爐下方」、「上櫃」、「料理台下抽屜」依照食衣住分類後，再規劃收納的場所。

• 這四個廚房空間，該收納什麼物品？ •

住　水槽下方

水槽下方可收納會用到水的淺盤、瀝水籃、鋼盆等廚房用品，以及湯鍋、清洗餐具用的海綿、洗碗精、垃圾袋等等。

住　上櫃

收納每天常用的物品，以及不常使用的物品。例如保鮮膜或鍋墊這類重量較輕且使用頻繁的物品，另外招待客人用的餐會用品，使用頻率低，也都能收納在這裡。

住　瓦斯爐下方

瓦斯爐下方收納開火做菜時必需的物品，例如平底鍋或烤肉網等料理器具，或是鏟杓與湯杓等廚房用品，還有調味料與油類。

住　料理台下方抽屜

瑣碎的廚房用品可以收納在料理台的抽屜中，例如湯杓或長筷，這類每天使用的物品，以及打蛋器等偶而使用的物品，抹布也能收納在這裡。直立擺放時較高的物品，則可收納在下層。

住 ➡ 餐具類與廚房用品，該收在哪裡？

住 上櫃

主要收納經常使用、較輕的物品，不常用的則擺在上方。

住 料理台下方抽屜

收納做菜時常用的廚房用品，而且要分層收納，以方便使用。

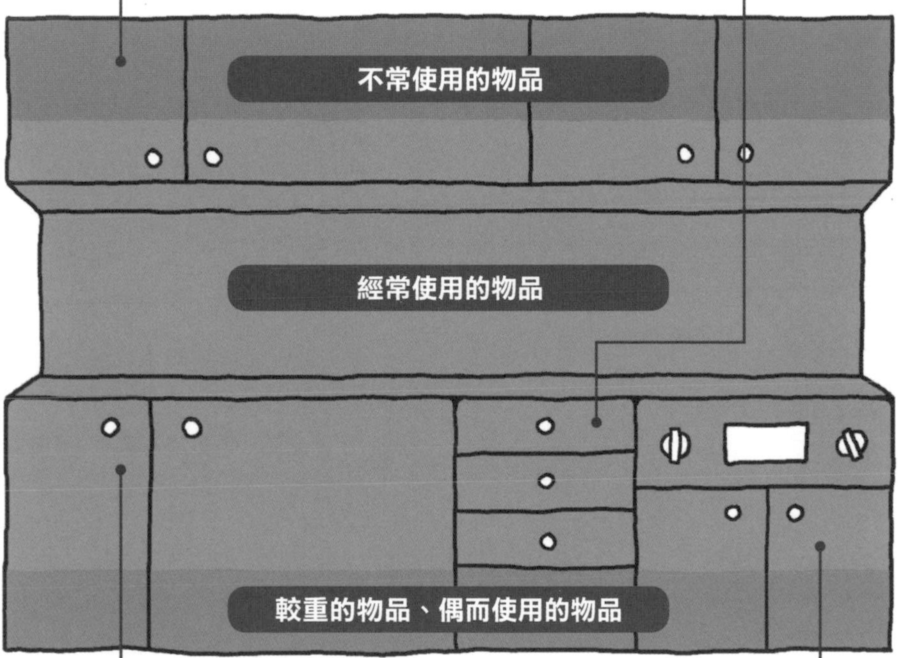

住 水槽下方

收納會用到「水」的物品，料理事前準備或清洗餐具時會使用的物品。

住 瓦斯爐下方

收納會用到「火」的物品，例如鍋子或調味料等等，做菜時會使用到的物品。

廚房收納 2

水槽下方，收納需要清洗、裝水的物品

善用水槽下方的高度進行收納

你家的水槽下方，是不是塞滿了各種鍋碗瓢盆、瀝水籃、菜瓜布、海綿與各式尺寸的塑膠袋，而顯得亂七八糟呢？想要解決這些問題，先想像你在使用水槽時的畫面，再想想該把什麼東西收在水槽下方，使用起來會最方便。記得，收納的數量夠用即可。

事前準備食材時需要用到的廚房用品、清洗餐具時使用的菜瓜布、海綿與洗碗精，甚至是垃圾袋，都可以統一收納在這裡。除此之外，**善用水槽下方的高度進行收納**，也是很重要的一環。

• 收納在水槽下方的物品，可分三大類 •

使用頻率高的器具

淺盤、瀝水籃、鍋盆

事前準備食材時，通常都會用到的淺盤、瀝水籃、鍋盆，都可以放在這裡。可以在水槽下方組裝層架或組合架，並且收納夠用的數量即可。

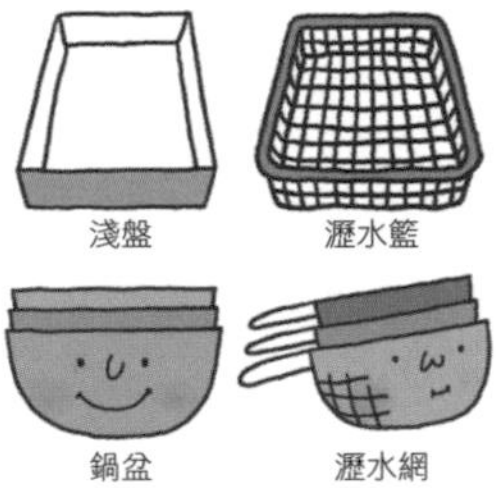

淺盤　瀝水籃　鍋盆　瀝水網

水槽用品

海綿、洗碗精、垃圾袋

料理時會產生的廚餘、在水槽清洗的餐具、每天會使用的菜瓜布、海綿、洗碗精、垃圾袋等等，都要分類收納在一起。

每天使用的鍋子、偶而使用的鍋子，以及有高度的鍋子

做菜時，最先裝水的是「湯鍋」

熬煮湯品時所使用的「湯鍋」就要放在這裡，其他常用的鍋具則要放在前方，以方便取用。

每天都會使用的鍋具，放在前方

湯鍋　燉煮鍋　單柄鍋

偶而使用的鍋具，放在後方

琺瑯鍋　大鍋

有高度的鍋具，則放在固定的角落

義大利麵鍋

• 規劃水槽下方物品收納的固定位置 •

對開式廚櫃

空面紙盒收納垃圾袋

準備兩個空面紙盒，直立貼在門板後方，分別收納大小不同尺寸的塑膠袋。

用層架增加收納空間

使用ㄇ字型層架，就能有效率地收納鍋盆和瀝水籃，還能配合鋼盆與鍋子的高度進行調整。

常用物品收在上 & 中層

淺盤、瀝水籃、鍋盆等每天使用頻繁的物品，應收納在上層與中層，以方便取用。

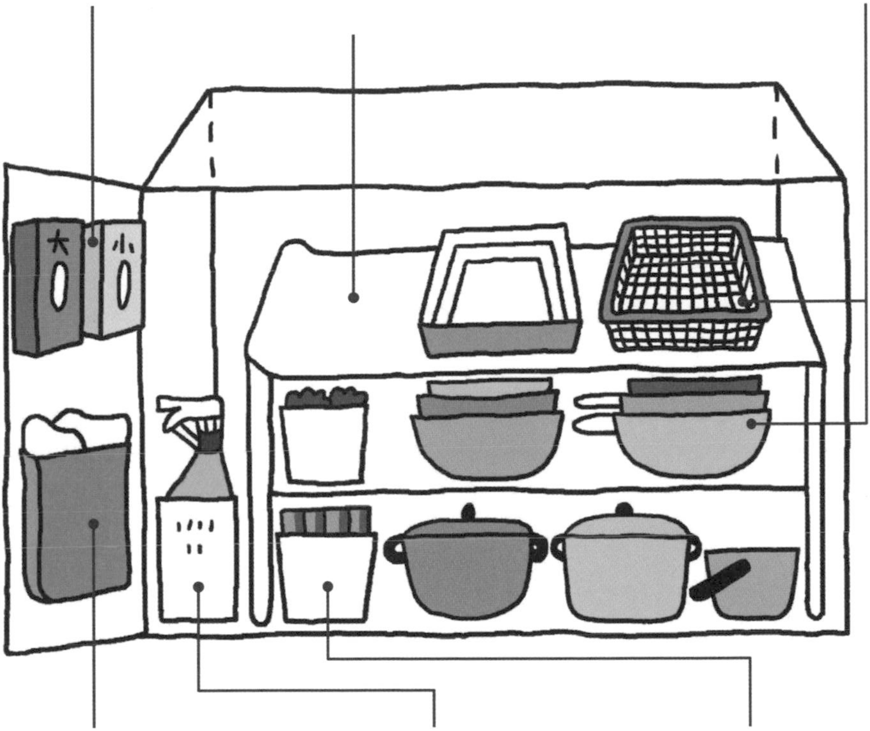

空盒子收納廚餘袋或瀝水網

將空面紙盒的一面剪開（往內折可增加強度），再用雙面膠固定在門板後方，就是廚餘袋或排水口的瀝水網收納盒。

較深的籃子收納清潔劑

配合中性清潔劑或漂白劑的寬度，準備兩個較深的籃子。備用品放在後方，使用中的物品則放在前方。

海綿與鋼刷等清洗用具

利用塑膠籃統一收納海綿、鋼刷、裁切好的科技海綿，備品則全部收在夾鍊袋中。

廚房收納 3

瓦斯爐下方，收納鍋具與調味料

炊煮用具，收在瓦斯爐附近

瓦斯爐下方可收納煎、炒、炸等料理時須使用到的料理器具。**也可將油或調味料收納在瓦斯爐下方，方便取用**，而且還能避免花太多時間找調味料，無心顧火以致燒焦、煮過頭等狀況。

其他例如鍋鏟、湯杓等廚房用品，也可統一收納於此處。瓦斯爐下方若為附設烤箱的一體式設計時，則可善用瓦斯爐左右兩方的收納空間。

• 炊煮鍋具、用具和調味料，就收在瓦斯爐下 •

常用的炊煮鍋具

平底鍋、烤網、油炸鍋

鍋具堆疊收納不方便取用，所以不妨利用專用層架進行收納。上方收納較輕的物品，再依序將較重的物品收納於下方。

沒用完的調味料與備品

各種調味料油品

炒東西或燉煮料理時一定會用到瓦斯爐，所以調味料與油品可收納在瓦斯爐下方。不過擺放太久恐會變質，所以不用買大容量，並要盡早使用完畢。

經常使用／偶而使用的物品

煎煮炒炸用的廚房用具

炒菜時會使用到的杓子、長筷、鍋鏟、湯杓、撈麵網等用品，可收納在同一處。也可以利用廚具桶進行收納，或善用保鮮膜空紙盒，黏貼在門板後方進行收納。

●［圖解］瓦斯爐下方收納的固定位置●

對開式廚櫃

炊煮時常用的料理器具，可收納在門板後方

常用到的鍋鏟、湯杓、撈麵網，可利用空紙盒藏在門板後方進行收納。

每天用的調味料，可裝進收納盒裡拉出來使用

調味料可利用文件收納盒等容器，整齊收納成一直列。

常用的調味料和油品，應放在前方

例如醬油、酒、味醂和油，應放在櫥櫃前方，方便取得的地方。

收納 idea 1

使用專用層架，收納鍋子與平底鍋

利用市售的平底鍋架，就能將櫥櫃高度完全活用，收納各種炸鍋及平底鍋。但是上方須收納較輕的鍋具，再依序將較重的物品收納在下方。

收納 idea 2

利用保鮮膜空盒

將保鮮膜空盒其中一邊切開，再用雙面膠黏在門板後方，就能變成拿取方便的鏟杓架。

收納 idea 3

文件盒變身調味料收納盒

較重的調味料須放入大小適中的容器中，想有效運用瓦斯爐下方較深的空間時，可使用文件收納盒將調味料收納成一直列，另外再加上滑輪，使用起來會更加方便。

收納 idea 4

油品可擺在不鏽鋼淺盤上

沙拉油、麻油、油壺等目前正在使用的油品，須擺在不鏽鋼淺盤上，放在前方的位置。下面再鋪上報紙或電話簿，就能避免髒汙。若有備品時，可放在較深的收納盒中，再放到後方存放。

廚房收納 4

上方的櫥櫃，依使用頻率有效收納

依照「每日使用頻率」分類物品

廚房的上櫃位在較高的地方，所以更要善加利用，才能有效收納。上櫃裡頭有些地方手碰得到，有些地方手碰不到，**所以在收納物品時，同時要思考櫥櫃的特性**。

分類物品時，先將使用頻率高的器具放在一起。此時也要參考「每個家庭的情形」，仔細思考後再逐一細選收納物品。經常使用且較輕的物品、備品等等，應收納在容易拿到的地方。

• 常用的器具，要放在櫃子前方 •

每天常用到的器具

水壺、鍋墊、保鮮膜類

每天使用頻繁、拿進拿出的水壺、鍋墊和保鮮膜，可收納在一起，放在方便拿取的固定位置。

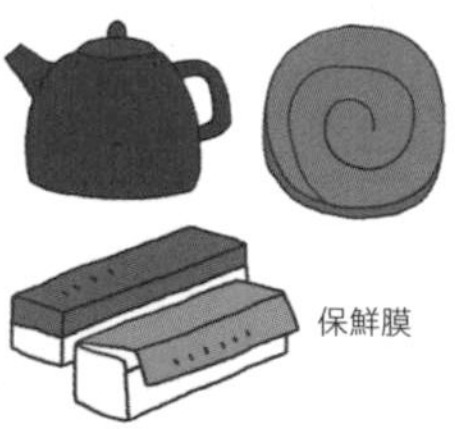

經常使用，且較輕的物品

便當用品、水壺、密封保鮮盒

經常使用的物品當中，重量較輕的物品可收納在一起。例如經常拿出來用的便當盒、相關用品、密封保鮮盒等等。

常用的食品或調味料

庫存食品

經常使用的食品或小包裝的調味料可收納在一起，沒用完的物品或備品也要放在這一類當中。

偶而使用的器具

飯桶、客用餐具

很少使用的器具，或招待客人時才會用到物品可收納在一起。

• 偶而使用的物品，依照品項收納 •

宴客用品

有多位訪客時才會使用的紙杯、紙盤、餐巾紙、蠟燭等。

休閒用品

水壺或野餐籃等，體積較大的物品。

烘焙器具

模型、擀麵棍、手持攪拌器等等，製作甜點或蛋糕所使用的器具。

季節性用品

刨冰機等季節性用品要放在中層。為了取用方便，建議大家收納時可裝上把手。

客人來訪用品

配合客人來訪的頻率，收納在上層或中層。裝箱的物品則要貼上標籤，註明內容物為何。

POINT 1

已開封的放前方，庫存、備品放後面

將使用頻率高的物品放在前方，收納在上櫃時，也須遵守一樣的原則。已開封的物品、想盡快用完的物品要放在前方，備品則收納在後方。

已裝箱且不常用

一年僅使用幾次的物品，可裝箱後直接收納在上層或是中層。

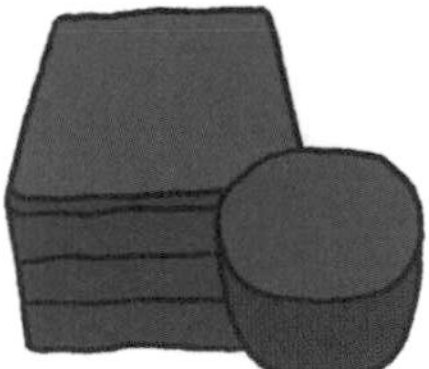

POINT 2

活用籃子收納瑣碎物品、小東西

依照使用頻率、不同品項等方式分類後，再分別用籃子或容器進行收納，使用起來才會更方便。另外瑣碎物品最好裝進夾鍊袋中，直立放入符合上櫃高度與寬度的籃子或容器中進行收納，取用才方便。

上方櫥櫃中，東西該怎麼放？

收納 idea 1

放進有把手的收納盒中，使用起來更便利

最上層使用起來很不方便，所以不妨將一層層板拆除。再利用有把手且高度較高的容器，方便取出放回，甚至不需要用到椅子！

不常用的器具收在中、上層

上櫃的中、上層不方便取出，因此可用來收納使用頻率低的物品。例如訪客用品、備品、季節性用品等等，偶而使用的物品也能收納在這裡。

常用物品收下層，並排成一列

上櫃的下層比較方便取用，將每天都會拿進拿出的物品收納在此，使用起來也很方便。

收納 idea 2

善用前方挖空的收納盒

使用前方挖空的收納盒，就能馬上取出裡頭的物品，還能依照不同的收納盒進行分類。想拿取後方的物品時，只須像抽屜一樣拉出來即可。但收納用品須選用適合收納空間的類型。

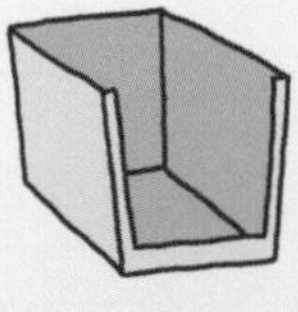

收納 idea 4

改變層板的位置

當上櫃的層板可移動時，只須將層板位置降低至手碰得到的高度，或是依照收納物品的高度進行調整，使用起來就會更加方便。

收納 idea 3

瑣碎物品用籃子收納，不再凌亂

將瑣碎物品收納在上櫃時，可利用三十九圓商品店所販售的塑膠籃，再加上分隔板，就能將難分類的小東西收納得很整齊。

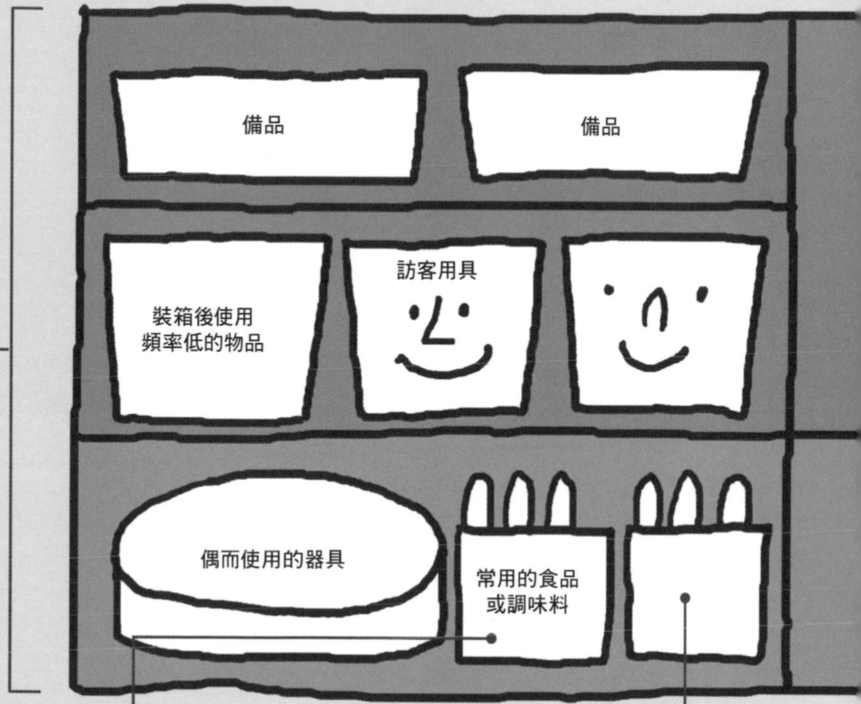

收納 idea 6

已開封的物品放前方，備品放後方

經常使用的食品或調味料放進籃子後，切記將還沒用完、已開封的物品放在前方，備品則收納在後方。

收納 idea 5

利用三十九元收納盒分開收納，更方便取用

高湯粉或粉類，可利用深度適中、容易拿取的收納盒進行分類，就能整理得有條不紊。三十九元商店裡有各式尺寸的收納盒，可依照用途選購。

廚房收納
5

最常用到的器材，放第一層抽屜

每天使用的器具，收納在方便拿取的固定位置

料理台下方的抽屜裡，總是會收納許多廚房器具或抹布等瑣碎物品，例如每天都會用到的長筷、偶而使用的料理剪刀等等，只要觀察使用頻率，就會了解什麼器具最常用到。

其實每天都會用到的廚房器具，並沒有想像的那麼多。**只要將這些物品收納在第一、二層，方便取用的抽屜位置，就能大幅提升做菜效率。**瑣碎物品則要放在每層抽屜的固定位置，再用隔板進行收納。

• 第一、二層抽屜物品，依使用頻率和用途分類 •

每天都會使用

可收納在第一層方便取用的固定位置，湯杓或長筷，只要準備一～二個即可。

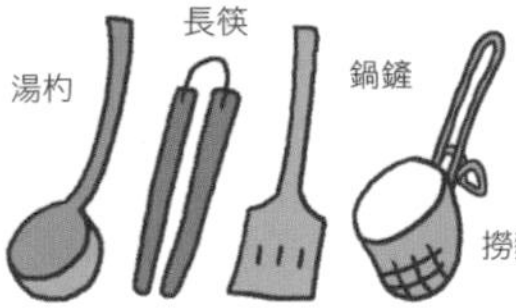

偶而才會使用

料理剪刀、打蛋器、橡膠刮刀等等，雖然不會每天使用，但是偶而會用到的器具則可收納在一起。

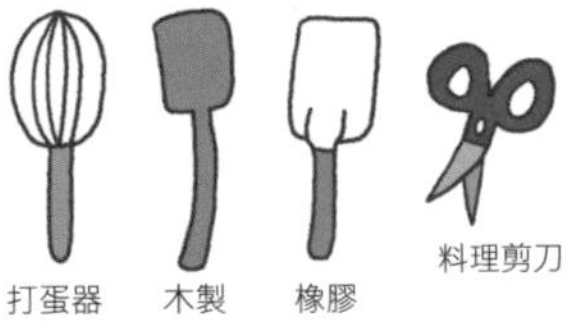

小道具

削皮器、開罐器等小型器具可收納在同一個地方。其中體積較小的物品，則要統一收納。

使用機率極低的物品、多餘的器具

偶而才會派上用場的廚房器具或是多餘的物品可收納在一起，並且盡量**將相同種類的物品處理掉。**

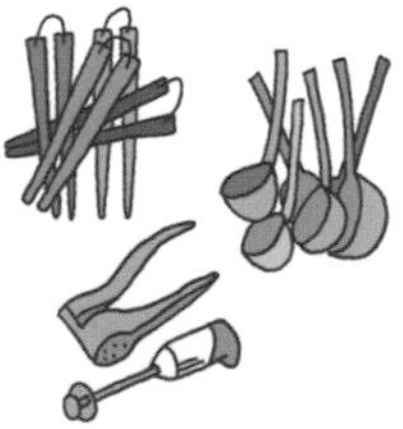

保鮮膜、鋁箔紙類

有了會更方便的器具不要收在櫃子裡，應統一收納在立即可取用的地方。

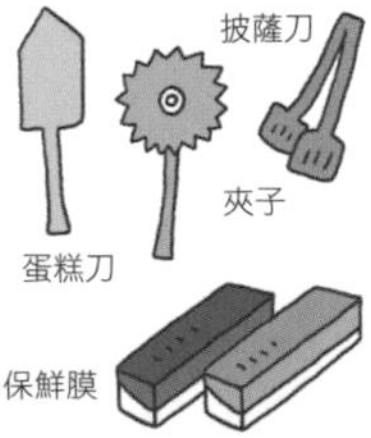

•［圖解］料理台抽屜內收納的固定位置•

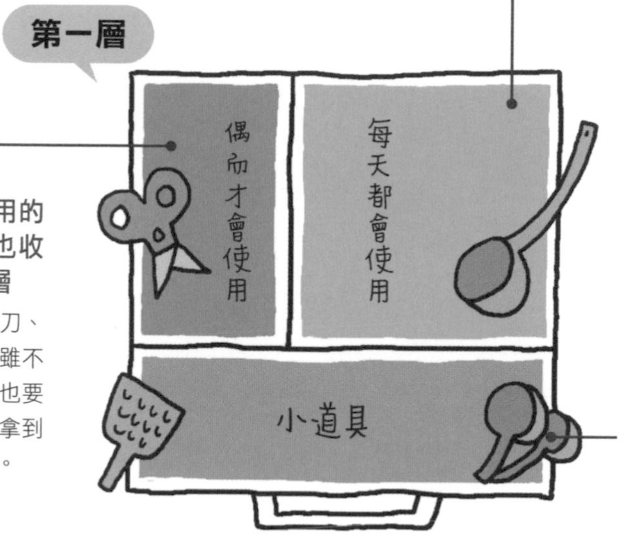

每天使用的物品放在第一層

每天使用的湯杓、長筷、鍋鏟、撈麵網，應放在第一層的後方。而且要確定真正需要的數量，收納整齊。

偶而使用的器具，也收在第一層

如料理剪刀、打蛋器，雖不常用，但也要放在容易拿到的第一層。

小道具統一收納在抽屜前方

大小器具全部收納在一起的話，不但不容易尋找，也不容易取用。所以抽屜前方固定放置小道具，使用上才會更方便。

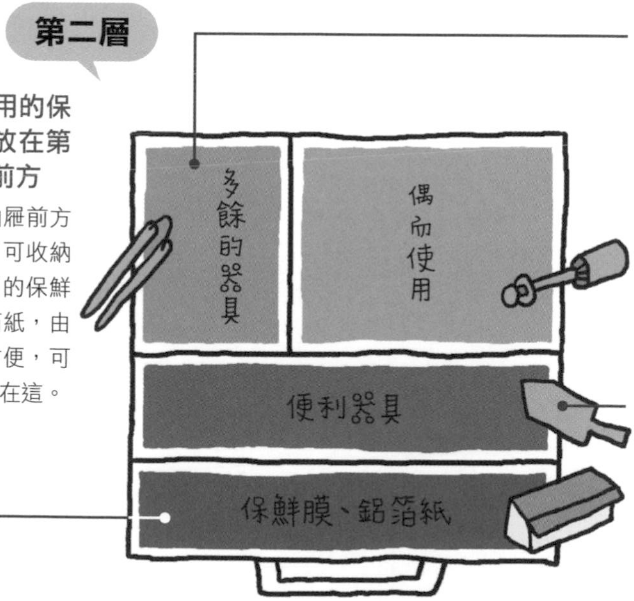

多餘／偶而使用的物品，收在第二層的後方

偶而才會拿出來用的器具則收納在第二層的後方，多餘的器具先確認是否夠用？再丟掉。

正在使用的保鮮膜，放在第二層的前方

第二層抽屜前方的空間，可收納正在使用的保鮮膜或鋁箔紙，由於取用方便，可固定收納在這。

方便的器具收在第二層的中間

比薩刀、蛋糕刀、夾子這類有了會更方便的器具，可收納在第二層的正中央，方便尋找。

第三、四層抽屜，收納零碎和體積大的用品

第三層

使用中的小包裝調味料

例如小包裝或棒狀的調味料，沒用完的物品須用封口夾夾起來，並與未開封的物品分開保存，小瓶裝的辣椒則可平放在抽屜中。

抹布、紙巾類

容易顯得凌亂的抹布可全部折好，直立收納在籃子裡。也可將方形的廚房紙巾疊放在籃子內，使用起來也很方便。

便當相關用品

鋁箔杯、小叉子、醬油瓶等便當相關用品都會一起使用，所以最好統一收納，使用起來才會更方便。

塑膠袋、購物袋、夾鏈袋

超市的塑膠購物袋或塑膠袋，以及食物保存用或冷凍用的夾鍊袋，只須收納夠用的數量即可。另外塑膠購物袋或塑膠袋應依照大小尺寸分別收納，使用起來才會更方便。

第四層

有高度的物品

統一收納有高度的物品，例如食物調理機等等。而且應收納在下層最後方的固定位置，比較不會礙手礙腳。

體積大的物品

大小尺寸與形狀各異的密封保鮮盒應收納在同一處。而且要放在深一點的抽屜裡，這樣就能整理得很整齊。

可直立收納的物品

收納折疊後可立起來的物品，例如圍裙與容量最大的垃圾袋。

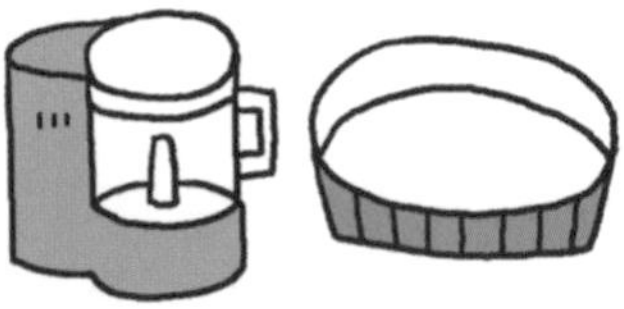

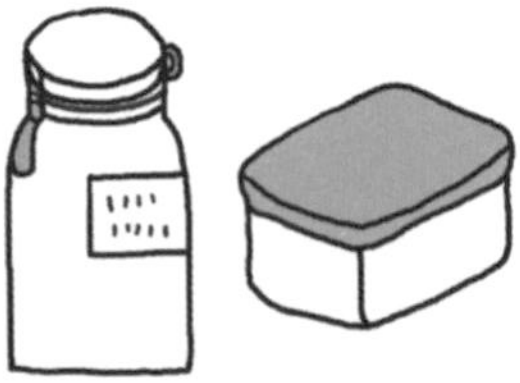

•［圖解］抽屜第三、第四層收納位置•

第三層

便當用品放進有多層隔板的收納盒中

便當相關用品大多較為瑣碎，所以最好使用有多層隔板的收納盒，這樣不但一目了然，也方便取用。

空面紙盒收塑膠袋

將塑膠袋放進空面紙盒中，要使用時再抽出來即可。

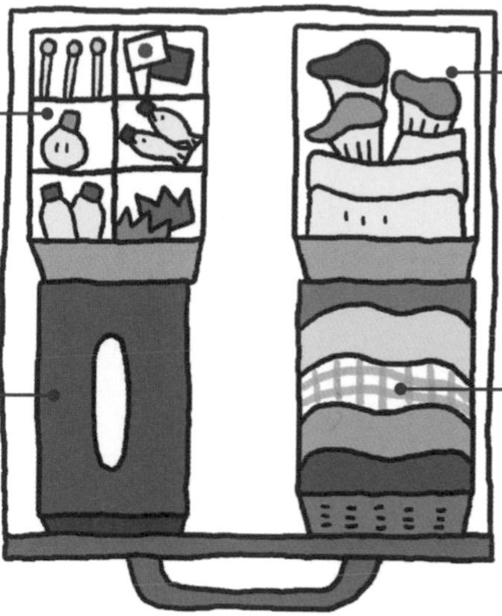

正在使用中的調味料，用有隔板的收納盒

包裝較小且沒用完的調味料可收納在第三層的後方，利用有隔板的收納盒收納瑣碎且沒用完的調味料。

抹布折疊後，直立放進籃子裡

將每天使用的抹布立起來放進籃子裡，就能大量收納，而且折疊時須配合籃子的寬度與深度。

第四層

有高度的物品收在第四層後方

有高度的抽屜可考慮用來收納較高的物品，而且不限任何品項，食物料理機等家電也可放在這一層。

體積大的密封保鮮盒全部放在一處

體積大且形狀不同的密封保鮮盒與空瓶，應放在較高的最下層抽屜前方。

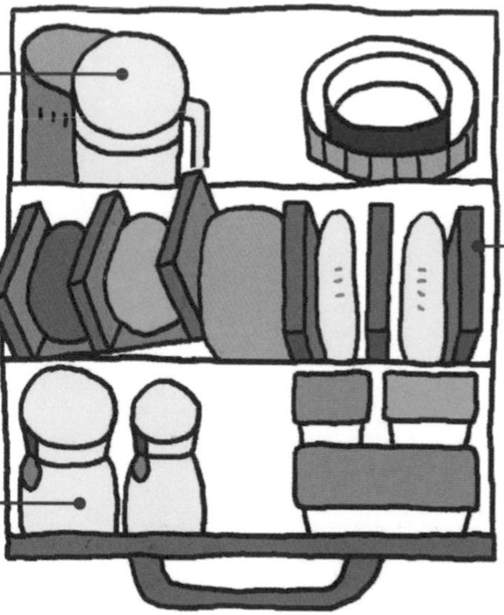

圍裙與垃圾袋用書架直立收納

可將圍裙與垃圾袋直立起來，收納於較高的抽屜裡，以方便取用。利用書架當作隔板，就能將布料或袋子立起來收納。

我是生薑～
做菜時，一定少不了我。
我的第一份工作，就是「薑燒料理」！
這家人總是把我收納在這裡。
放在這裡最明顯
蔬菜室的最上層！
明天見囉♥
我被當作VIP啦～
唉呀真不好意思～
你想太多了
無知的傢伙最幸福了
檸檬小姐
新來的，這個地方是沒用完的食材才會來的地方
小黃瓜爺爺
我們大家都是用剩的
洋蔥小弟
但是，剛才這家人說把我放在這裡比較明顯……
馬上就會被拿去用了吧？
緊張～不安～
理論上是這樣……但是，這家人是異類
來到這裡後，很容易被人遺忘的。
啊！是暮夜子小姐——
我在這裡在這裡——
用我啦——

只需要葉菜類和青蔥就夠了～
噢～？
等一下——
不要走——
後來，又過了幾天……
忘記還有剩下來的食材，全都乾掉了～
只好丟掉囉……
丟……丟掉!?
發霉
晴天霹靂
我說妳啊！怎麼可以浪費食物呢～
有些地方還可以吃吧？
知道了～
嘆氣
謝天謝地，當天晚上終於被送上餐桌了。
我們變成熱炒料理～～
我被擠成汁，摻入醬汁裡了
我也被磨成泥一起加進醬汁裡了～
千萬別忘了，在蔬菜室最上層，等著大顯身手的蔬菜們喔！
收納後，記得要經常檢查喔～

廚房收納 6

食物和餐具收納，注意種類和形狀

依「使用頻率、種類、形狀、大小」分類

各式各樣的餐具與食材都會收納在這裡：餐具櫃、食物收納儲藏櫃（架）與冰箱，所以分類格外重要。須將這三個收納空間依照「食」、「衣」、「住」進行分類，再分別將要收納的物品同樣以「食」、「衣」、「住」分類，最後依物品特性，**想想看怎麼收納比較容易看得見、容易使用**。

餐具櫃要依照使用頻率進行分類與收納，食物收納儲藏櫃（架）則要依照品項、形狀、大小進行分類與收納，而冰箱可依照不同品項、不同保存期限等方式進行分類與收納。

● 想一想：食物和餐具怎麼分類 ●

食

冰箱

保存冷藏、冷凍食品，例如肉、魚、蔬菜等生鮮食品，火腿等加工食品，調味料、冷凍食品等等。

食
衣

食物儲藏櫃（架）

收納罐裝、瓶裝、調味料、乾貨、乾麵等備品，抽屜則用來收納抹布和毛巾。

住
衣

餐具櫃

收納日常使用的餐具，以及客人使用的餐具、玻璃杯、桌上小東西、餐具，抽屜則收納餐墊等物品。

但是要怎麼收納才好呢？
我一直以為把東西放進去就行了
啊哈哈…

記得，這裡的收納也要用食衣住進行分類喔～
呵呵
衣
食
住

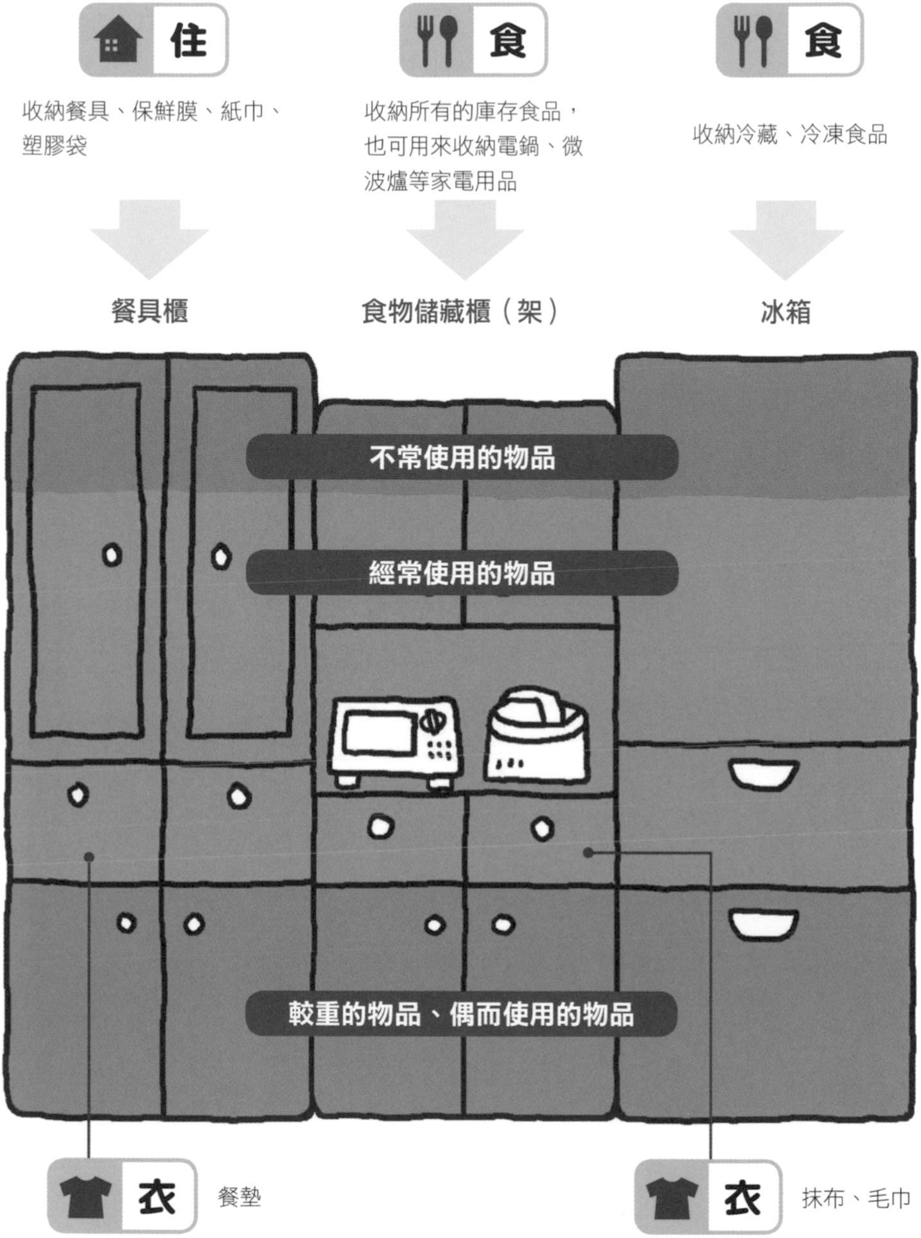
住
收納餐具、保鮮膜、紙巾、塑膠袋
餐具櫃
食
收納所有的庫存食品，也可用來收納電鍋、微波爐等家電用品
食物儲藏櫃（架）
食
收納冷藏、冷凍食品
冰箱
不常使用的物品
經常使用的物品
較重的物品、偶而使用的物品
衣
餐墊
衣
抹布、毛巾

廚房收納 7

餐具分類的三原則

除了「有多常使用」，也要考量菜色和家人使用習慣

餐具櫃裡擺放著各式各樣的餐具，收納時容易顯得凌亂，取用時也很麻煩，是個難以維持整齊的收納空間。首先，**將不同種類的餐具，依照「使用頻率」加以分類**。

先將飯碗、湯碗，以及小菜碟等使用頻繁的餐具挑選出來，**其次再考量菜色、家庭人數、偏好的餐具形狀與尺寸等等**，將常用且數量夠用的餐具收納在一起即可。最後再依照使用頻率，收納在適當的地方。

• 餐具的數量，夠用就好 •

經常使用的餐具

每一個家庭中的餐具，會因為菜色、家庭人數、偏好使用的餐具形狀與尺寸，而有所不同，但同樣只須收納「數量夠用」的餐具即可。

桌上小物與餐具

用餐時會用到的小道具、筷子、湯匙、叉子等餐具，也要分類成日常使用的物品和客人使用的物品。

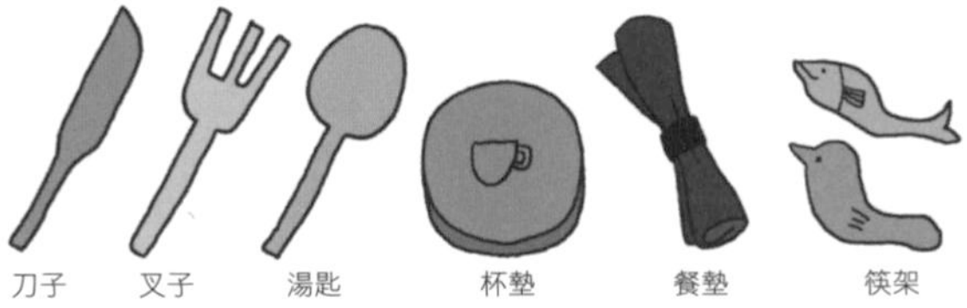

偶而使用的物品

將偶而使用的餐具收納在一起，以使用頻率一週～十天使用一次的物品為基準，另外再仔細考量「自家情形」作選擇即可。

各種杯子

將杯子統一收納，再依照不同用途、不同形狀進行分類。客人來訪用的杯子也可拿來當作裝飾品，這也是一種不錯的收納方式。

日常使用

家人每天使用的杯子、茶杯、馬克杯、玻璃杯類要統一收納，最好再依照不同的使用者進行分類。

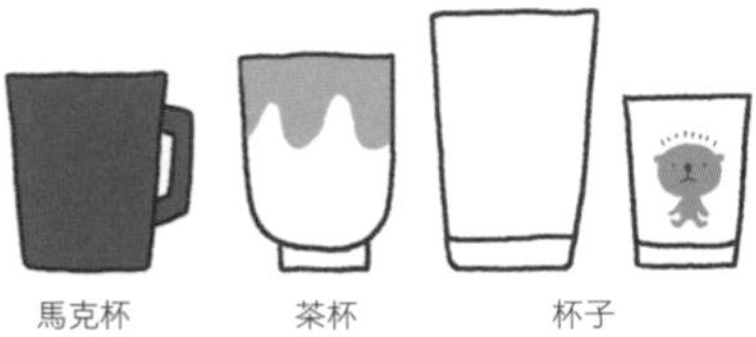

訪客用的茶杯和馬克杯

將設計美觀的成套茶杯組或咖啡杯統一收納，還能拿來當作裝飾，成為另一種收納方式。

訪客用的高腳杯和玻璃杯

高級紅酒杯、白蘭地杯、平底無腳酒杯等具有設計感的玻璃杯，可收納在一起。

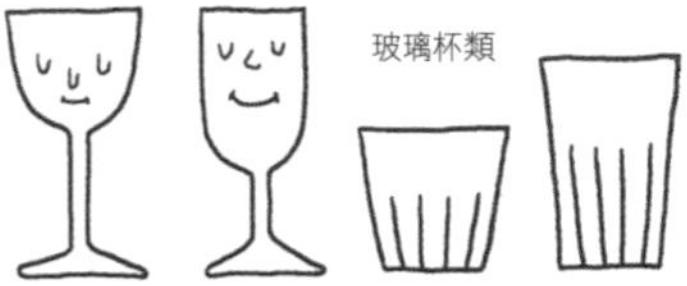

使用頻率低的物品

訪客專用的餐具，可以和不常用的餐具放在一起。

訪客用的碗盤

客人來訪時，招待客人用餐所使用的大、小盤子、碗、茶杯等等，可收納在一起。雖然使用頻率較低，但收納時也要注意取用的方便性。

季節性物品

例如聖誕節或過年等年節用餐具，只在某個季節才會使用。

較重、較大的物品

卡式爐、電烤盤、大盤子，要統一收納，較重、較大的物品則要放在最下方。

[圖解]餐具的收納位置

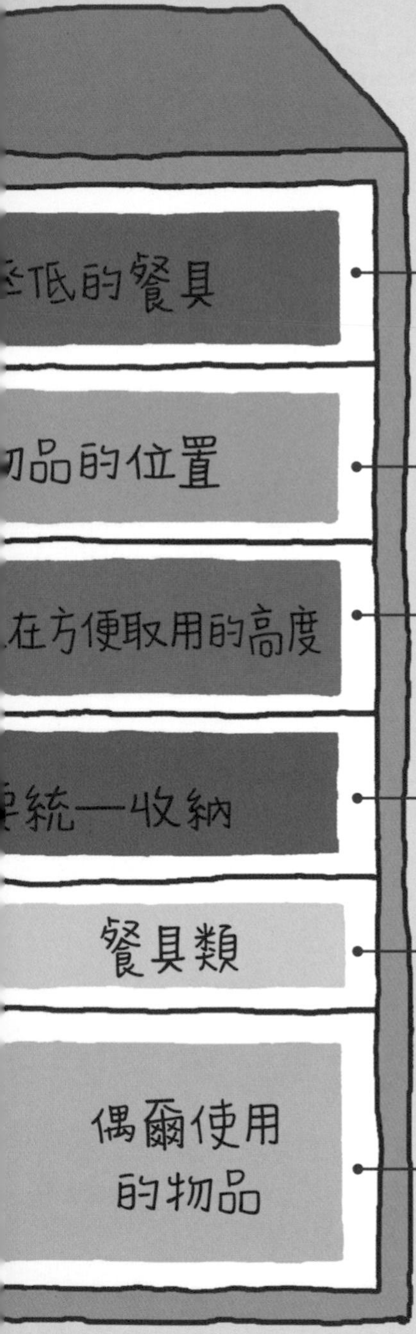

不常用的餐具，收在最上層

季節性物品、客人來訪用餐具

季節性物品、每年只會使用一次的餐具、很少使用的訪客用餐具，可以分開收納在兩側。

下一層則收納裝飾用的物品

客人來訪用的各種杯具

具有設計感，訪客專用的玻璃杯、茶杯、咖啡杯等等，都可以擺出來當作裝飾。

常用的餐具，放在伸手可及處

盤子、形狀特殊的餐具

使用頻繁的大、小盤子、焗烤盤、碗公、小碗等形狀特殊的餐具，須各別收納在一起。

每天用的餐具及杯子，收在中間

飯碗、湯碗、茶杯、杯子、馬克杯

家人們每天都會使用的杯子、飯碗、湯碗等餐具，應分成吃飯用與喝飲料用，再收納於兩側。

利用這個位置收納桌上小物與餐具

刀子、叉子、湯匙、餐墊、杯墊、筷架

將桌上小物與餐具分別收納在抽屜裡，而且抽屜裡要放進有隔板的托盤。

最底層收納較重的物品、偶爾使用的物品

電烤盤、卡式爐、大盤子

最下方的位置，主要用來收納又大又重的物品。另外再配合空間，直立收納，以方便使用。

收納 idea 1

相同高度的物品放在一起，收納在同一層架中，就能增加收納量

將「相同高度的餐具」放在同一層，把有限的空間活用至最大極限，大幅增加收納量！而且還能配合餐具調整層架高度，不夠放時再多加一層即可。

收納 idea 2

每天使用的餐具，放在同一個收納盒裡

每天使用的飯碗、湯碗、茶杯等經常拿進拿出的餐具，放在同一個盒子裡，方便拿進拿出。

收納 idea 3

大盤子裝進氣泡信封袋立起來，收納以方便拿取為原則

很少拿出來使用的大盤子，最好能裝進有緩衝材的氣泡信封袋中，再放進文件收納盒中立起來收納，拿取會更加方便。

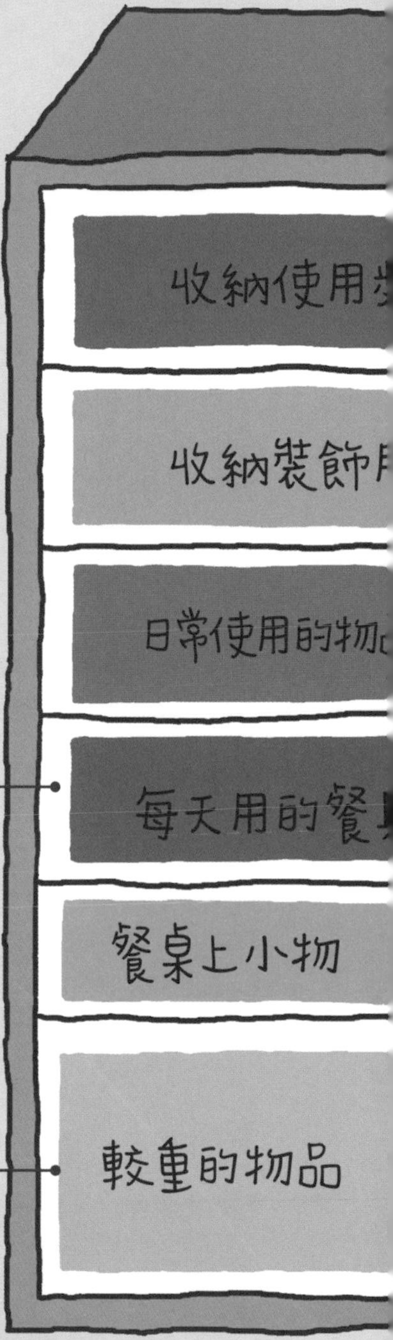

廚房收納
8

食物櫃分三類：品項、形狀、大小

食品種類繁複，「分類」很重要

在大賣場購物，常因便宜而大量採購，容易造成收納混亂的情形，因此要先將食品加以分類。

分類有許多種方法，如果針對食品，可依照粉類、麵類、調味料等「**品項**」，以及罐裝、瓶裝、袋裝等「**形狀**」或「**大小**」進行分類，就能一目了然。沒用完的物品或大量購買的食品，都須加以管理，使用起來才會更加方便。

• 依照不同包裝和品項，進行分類 •

1 罐裝食品

特價的時候，常會買一堆罐裝食品回家放著。隨時備妥鮪魚罐頭與蕃茄罐頭，就是料理時的好幫手。

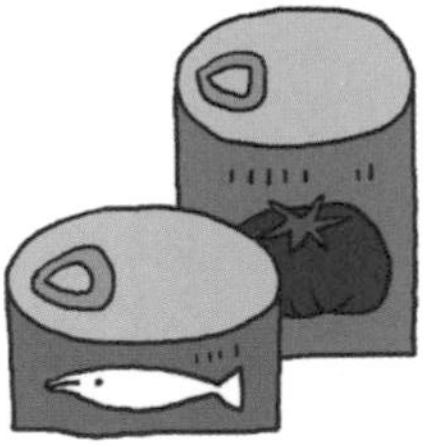

2 瓶裝食品

酸黃瓜、果醬

金針菇或筍乾這類熟食罐頭，或是酸黃瓜、橄欖、果醬等瓶裝食品可放在一起。

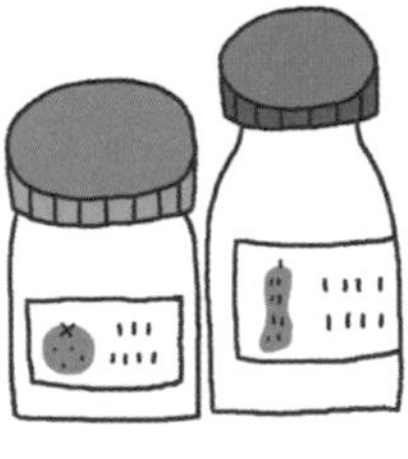

3 調味料

醬油、味醂、料理酒

因為每天都會用到，所以可配合消耗量，多買幾瓶放著備用。

4 醬汁

法式沾醬、燒肉醬

可依照個人喜好買來備用，燒肉醬也是歸為這一類。

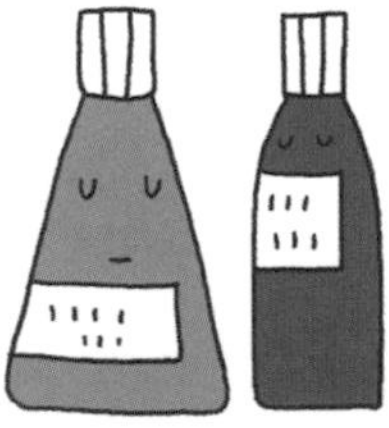

5 泡麵

泡麵、杯麵

袋裝泡麵與杯裝泡麵須依照大小與形狀進行分類。

6 零食

袋裝洋芋片、柿種

袋裝洋芋片、柿種、巧克力、餅乾等備品要放在一起。

7 飲料

保特瓶和罐裝飲料

保特瓶裝的水或茶飲，還有罐裝的果汁與啤酒等等，都要放在一起。

8 沖泡類

咖啡、紅茶、花茶

包含咖啡豆或咖啡粉，紅茶與花茶的茶葉或茶包。

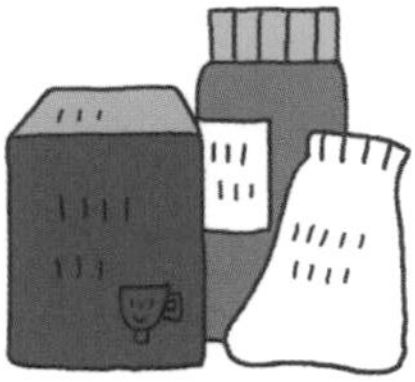

9 香料類

胡椒粒、辣椒

瓶裝的迷迭香、肉豆蔻、胡椒粒、紅椒粉等香草或香料類。

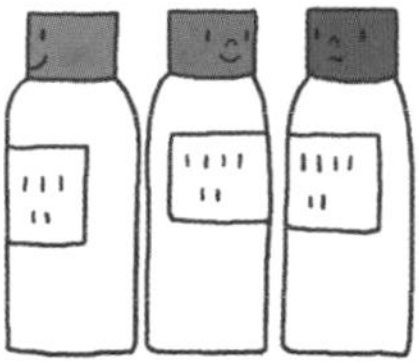

10 粉類

太白粉、麵粉、鬆餅粉

太白粉、麵粉（低筋麵粉、中筋麵粉、高筋麵粉）、鬆餅粉等粉類。

11 麵類

義大利麵、烏龍麵、蕎麥麵

義大利麵、烏龍麵、蕎麥麵、麵線、冷麥麵等乾麵條可長期保存，可以多買一點庫存。

12 乾貨

乾香菇、葫蘆乾

乾香菇、乾木耳、羊栖菜、乾海帶芽、蘿蔔乾等乾貨。

• 再將食品依照「形狀」與「大小」分類 •

袋裝食品

零食、粉類、乾貨等袋裝物品，須統一收納在不同容器中。收納位置較高的容器，最好附有把手以方便拿取，並且放在最前方，後方則放置備品。

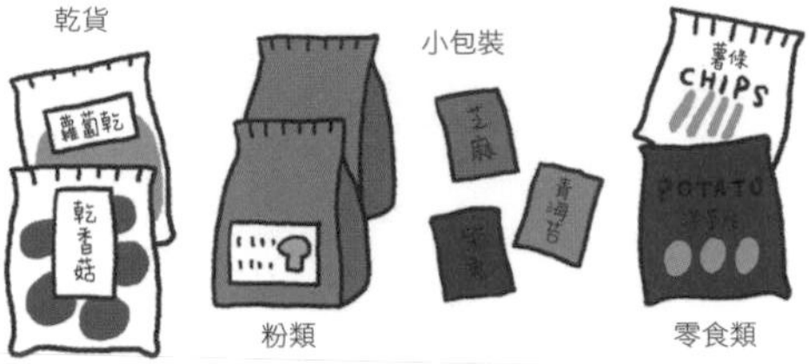

形狀不規則的食品

泡麵或是大小不一的袋裝食品，這些形狀不規則的食品須依照不同品項，統一收納裝進容器中。

盒裝食品

速食調理包或零食等盒裝食品，須依照不同品項裝進容器中。沒用完的物品則應放入密封保鮮盒中。

罐裝、瓶裝、管裝

罐裝、瓶裝和管裝食品，依照形狀及大小進行分類。而且應裝進抽屜式收納盒裡，以便了解裡頭裝了些什麼。

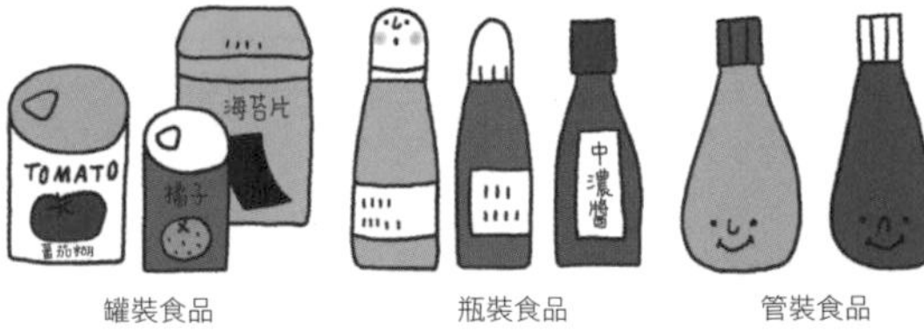

較高、較重的食品

保特瓶裝的果汁、啤酒瓶、較少使用的一公升裝調味料等等，這些高度較高的物品或較重的物品可收納在最下方。收納時還有一個技巧，就是依照不同種類排成一直列。

•［圖解］食物儲藏櫃（架）的收納位置•

較輕的食品放上方

依照種類收納

依照形狀、大小收納

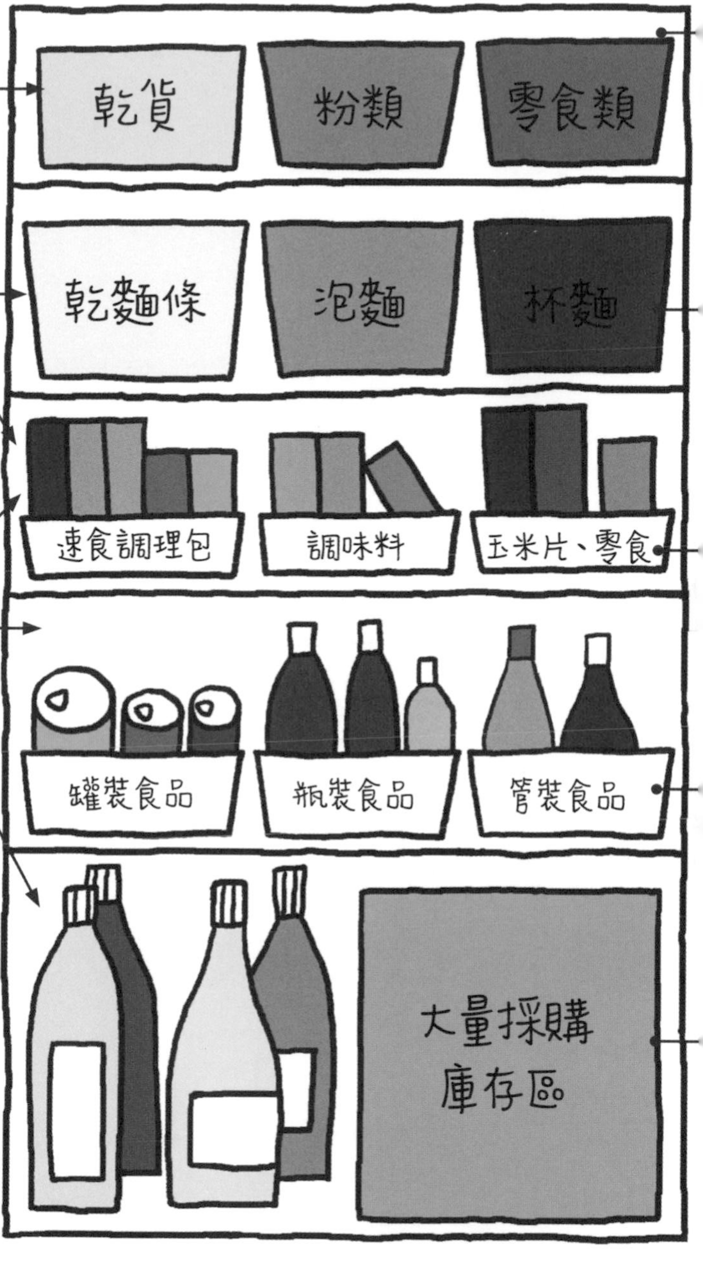

☑ POINT

大量採購時，須在食物儲藏櫃隔出庫存區

經常趁著拍賣或特價而大量採購的人，**請在食物儲藏櫃中預留一個庫存區**，以因應食品數量的增減，並且要經常檢查裡頭存放了些什麼。

廚房收納 9

冰箱收納時，善用托盤分類

分類標準，依「保存期限」為主

冰箱是保存各式食材、食品、飲料、調味料等物品的地方，所以應利用冰箱專用收納托盤進行分類，例如沒用完或想盡早吃完的可分為一類，肉、魚、加工食品等有保存期限的分為一類，調味料再分為一類。

另外，**必須盡快食用完畢的東西，以及立刻會使用的物品，必須放在與視線等高的位置**，保存期限較長的再分成一類，統一收納在冰箱上層。

• 將收納在冰箱的食品進行分類 •

沒吃完／沒用完的食品

沒用完的、吃剩的、已開封，必須盡快吃完的食品。

保存期限短的食品

豆腐類或熟食類等保存期限短、最好盡快用完的食品須統一收納。

保存期限長的食品

將蒟蒻絲、蒟蒻、水煮大豆等保存期限長的食材統一收納的話，比較方便有計畫性的使用。

不同品項

保鮮室中須將適合特定溫度保存的東西，依照魚、肉、乳製品等品項進行分類。收納時可用**彩色膠帶**規劃位置。

瓶裝食品
液體調味料

燒肉醬和柑橘醋等瓶裝的醬汁，將形狀或高度相近的調味料放在一起。

•[圖解]冰箱各層架上收納食品的位置•

想盡快用完的食品，放在視線等高的位置

保存期限短的食品，應放進與視線等高的托盤或籃子內。

馬上會用到的食品，放在視線等高的位置

收納在冰箱門上視線等高的位置，就能馬上取用。

收納 idea 1

收納分前、後，提醒自己「先進先出」

準備在三十九元商店都能買到的抽屜式托盤，未開封的東西放在後方，已開封的東西放在前方，提醒自己先將已開封的東西用完。等前方位置空出來後，再將後方東西往前移動繼續使用。

保存期限長的食品，收納在最上層

最上層的層板，可利用托盤統一收納。

保鮮室裡，依不同品項分類收納

存放適合特定溫度保存的加工食品、魚、肉和乳製品。

收納 idea 2

依照「不同用途」收納，方便使用

例如「配飯的小菜」組合中，可收納肉鬆、海苔、豆棗、醬瓜類等等，「吐司組合」中則可將奶油和各式果醬放在同一個托盤。需要冷藏的零食也可放在同一個托盤內，小朋友可以馬上找得到。

收納 idea 3

開封後沒用完，用夾子封口後夾在冰箱門內

沒用完的食材和調味料，可用大夾子夾住開封口後，放在冷藏庫門板收納空間的隔板上，這樣方便找到，也能提醒自己全部用完。

將高度相近的瓶裝食品和調味料放在一起

門板收納空間下方，須統一收納飲料、調味料等形狀或高度相近的食材。

用過的蔬菜放密封保鮮盒，冷凍食品可直立收納

蔬菜室的收納重點，就是依照食材大小與形狀加以分類。為了避免塞進太多蔬菜造成腐爛，所以要依照蔬菜不同特性進行收納。

首先依照蔬菜的大小與形狀加以分類，已經使用過的蔬菜則要統一保存在密封保鮮盒中。小黃瓜、紅蘿蔔、葉菜類等蔬菜則要立起來收納，冷凍室要依照不同品項分類，才能有效收納食材作最有效地利用。冷凍食品等最好立起來收納，最省空間。

• 蔬果依照大小和尺寸分類 •

用過的蔬菜

用過的蔬菜要保存在密封保鮮盒中，避免忘記使用而乾掉。

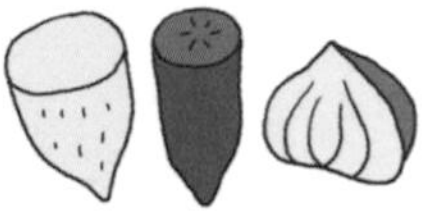

一般尺寸的蔬果

如草莓、檸檬、葡萄、蕃茄等尺寸的蔬果。

尺寸稍大的蔬果

又大又重的蔬果要放在下層後方，才能妥善保存。

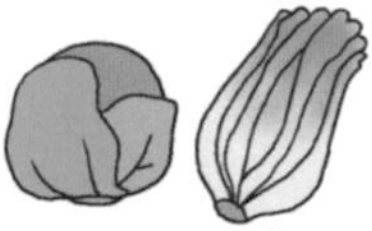

較長的蔬菜

收納時的重點：放在同一個地方、排列整齊。

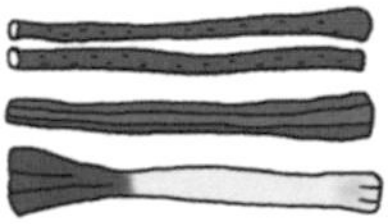

葉菜類

包括萵苣、菠菜、小松菜等葉菜類，因為容易損傷，所以須與大尺寸的蔬菜分開收納。

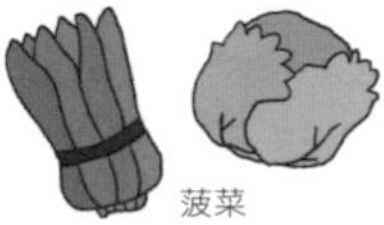

根莖類的蔬菜

可以直立收納，記得將形狀與長度相近的蔬菜應收納在一起。

• 冷凍室的食品，依照料理方式分類 •

冷凍食品

無須料理的冷凍食品，或是冷凍備用食品。

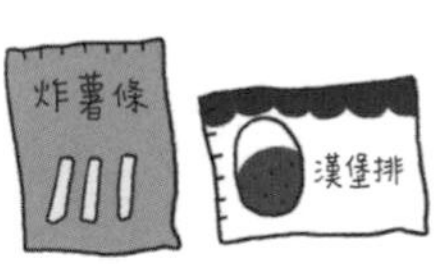

須料理的食材

例如肉、魚、蔬菜等，須料理的冷凍食材。

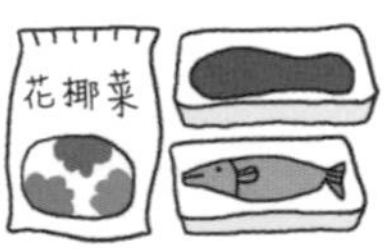

冰淇淋、甜點類

最好先拆開外包裝，才不會佔空間。

已開封、用過的食品

用夾子確實夾好封口，放在同一區。

• 蔬果和冷凍食品，不再亂糟糟的擺到過期 •

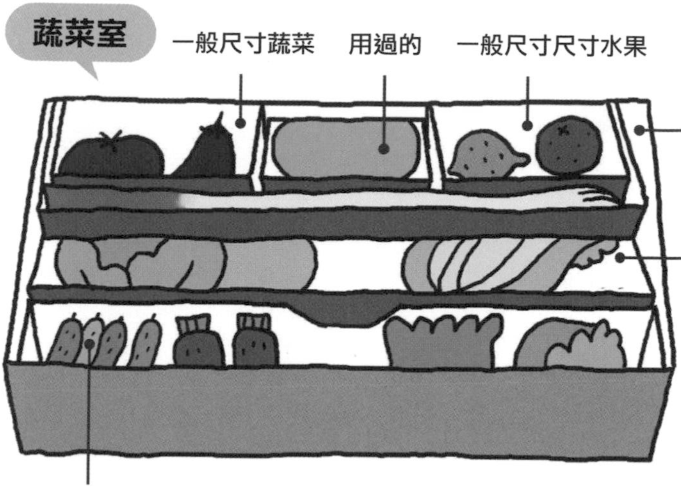

上層收納一般尺寸的蔬果、較長和用過的蔬菜

托盤中一半的空間要放置固定類型的蔬果，較長的蔬菜則橫放在托盤前方，用剩的蔬菜再統一收納在上層托盤中。

下層收納尺寸稍大的蔬果

例如白菜或高麗菜這種又大又重的蔬菜類須放在最下層，才能妥善保存，哈蜜瓜或西瓜也能收納在這裡。

葉菜類與根莖類蔬菜直立收納在前方

菠菜或萵苣等葉菜類，以及紅蘿蔔或小黃瓜等根莖類的蔬菜，因為容易損傷，所以要和大尺寸蔬菜分開，收納在前方。

已開封使用過的食品，收在保鮮盒內

依照不同尺寸收納在冷凍室的托盤或保鮮盒裡，無論任何品項，只要開封用過、體積變小，就要移至此處收納，避免冷凍室亂七八糟。

冰淇淋和其他冷凍甜品放在一起

例如果汁冰棒、冰淇淋、甜筒等等，將大的外包裝盒拆開，一個個收納在冷凍室內，才不會佔空間。

要直立收納

冷凍食品或冷凍備用食品須直立收納，可利用書架當作隔板，避免食品收納時東倒西歪。

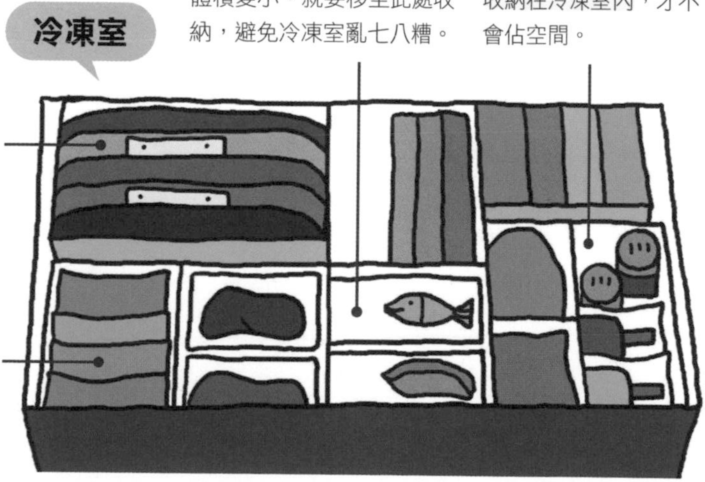

統一放進托盤

冷凍食品分類並收納在托盤中，直立收納時，可貼上標明食材名稱的標籤。

活用冰箱和牆壁間隙的小空間收納

利用排洞層板打造收納袋和垃圾筒專屬空間

冰箱與廚房牆壁之間的小空間，正好是各種紙袋和塑膠袋的收納處，同時也能剛好把垃圾桶擺在這個不顯眼的角落。利用排洞層板、層板和雙面膠，就能簡單完成這個收納角落。

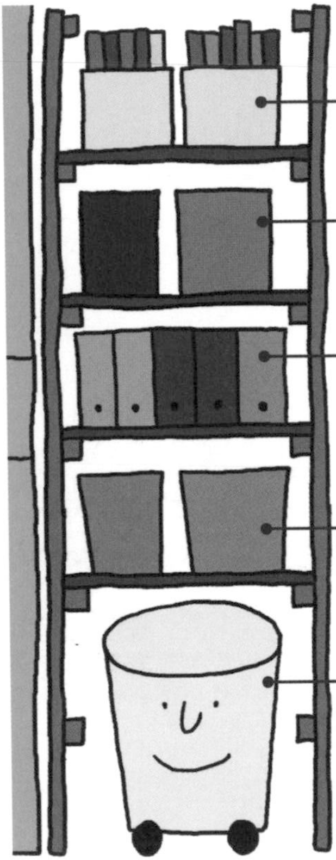

準備兩個盒子裝紙袋，就能控制數量

紙袋很容易在不知不覺中增加，所以須控制在能裝進兩個盒子裡的數量。

一般塑膠袋和專用購物袋，分開收納

將塑膠袋與專門購物袋分開收納，就不會塞得亂七八糟。利用兩個面紙盒分別收納，一目了然，使用方便。

善用 A4 文件收納盒

大家都沒想過，其實文具也能活用在其他地方的收納上。例如紙巾、杯墊、餐墊等物品，將同類型物品集中收納，方便使用。

垃圾分類

可放兩～三個塑膠盒，當作紙類、保特瓶等回收垃圾的專屬空間。

裝上滑輪，方便拿進拿出

層架最下方的空間，可配合垃圾筒的尺寸作調整，將移動式的垃圾筒放在這裡使用。將垃圾筒放在裝有滑輪的平台上，就能簡單完成，或者選購有輪子的垃圾桶也可以。

排洞層板層架製作方法

準備兩片長 180 公分的排洞層板、一般層板和雙面膠。首先，將兩片排洞層板一面靠冰箱、一面靠牆壁放好，再配合兩片排洞層板間的寬度裁切層板，架在排洞層板背面的突起上，再用雙面膠將層板固定在突起上即可。最方便就是無論任何寬度皆能使用，使用起來相當方便。

藏在地板下，解決小空間的困擾

地板下方也是相當方便的收納空間，在規劃地板下的收納之前，配合下述幾個重點，省空間又方便。較重的調味料或罐裝食品，最適合收納在地板下方，不過收納食品時，務必注意濕氣的問題，以免食品受潮了。

盒裝調味料

主要用來收納咖哩塊或燴飯高湯塊等盒裝調味料，而且須直立放進有把手的籃子裡進行收納，使用起來才會更方便。

罐裝食品（備品）

罐裝食品等備品可收納在一個籃子裡，太重時可分成兩層。

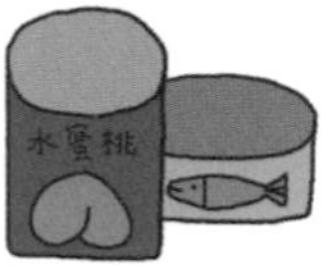

乾貨

須與乾燥劑收納在同一個籃子裡，另外再分類成農產品、海鮮產品，以方便尋找。

收納 idea 1

「紙袋」也是收納的好幫手

在窄小的收納空間活用紙袋，收納起來最方便。不但能收納較瑣碎的物品，還能有效利用空間，十分推薦大家使用。

保特瓶、調味料

水、茶等保特瓶飲料，瓶裝的醬油、米酒、醋、橄欖油等等，另外還有砂糖、鹽等袋裝調味料，都要統一收納在這裡。

收納 idea 2

有把手的籃子，使用起來更方便

地板下方的收納，若使用附有把手的收納籃，就能輕鬆提到架子上取用。盒裝物品可裝上把手，瑣碎物品則可放進有把手的籃子或紙袋中收納。

鄰居佩琪子在下午突然來訪，而且就快到了……
沒想到…都還沒整理
嗯——
稍微整理好了～
佩琪子對收納可是很嚴格的
搖控器類可收納在一起
唔—
我是電視搖控器
我是冷氣搖控器
點心
不倒翁煎餅
文具也要整齊的擺好
擠
擠
哈囉～
客人突然來訪，需要快速整理的時候，
先從面積較大的地板開始著手吧！
準備好袋子
小地方不用理會，先把散落在地板上的東西放進袋子裡！
等地板整理乾淨後，再整理桌面。
沒多久……
妳看！乍看之下變得很整齊了吧～
叮咚—
來了～
嗯嗯

午安！我今天～
帶了禮物要送給毛毛喔～
送給我？
我去參加木彫教室的課程
用毛毛當主題彫了這件作品結果大受好評呢！
這是我!?
猫
我覺得與其擺在我家，不如擺在妳家裝飾來得更好看……
擺滿滿～
唉呀
我本來想擺在櫃子上的……
想當作擺飾的物品，就要擺出來收納！
其他的東西，可以收納在看不見的地方
這些可以收起來了
咚
妳看——變得好整齊!!
收納的重點就是7成看不見3成看得見
等佩琪子回家後，再把木彫收起來
雖然心裡是這麼想的……
但是因為她經常上門檢查，
我又來打擾囉～
後來便直接固定擺在那裡了。

客廳是放鬆的地方，別擺太多東西

經常使用的物品，要放在方便取用的地方

客廳是全家人聚在一起的地方，但總是很容易看到衣服、雜誌、報紙、玩具等物品，東丟一件西丟一樣。在整理之前，先檢討造成客廳雜亂不堪的原因究竟出在哪裡？

想要解決這個問題，還必須在客廳規劃並固定物品擺放的位置。想想看，**家中成員平常會在客廳做些什麼活動，當下又會需要什麼物品。**當然每個家庭的生活型態不同，也會進行不同的活動，所以最好與家人討論後再作決定。

●客廳中會出現的「食衣住」物品分類●

住

影視播放周邊用品

電視周邊須統一收納影視播放時會使用的物品，以及在客廳休息時會拿來翻閱的雜誌類或型錄。

住

邊桌・櫃子

想擺出來裝飾的餐具，可以收納在邊桌或櫃子上，另外CD、DVD、訪客專用杯盤，也很適合收納在這裡。甚至能擺放花朵或圖畫作為裝飾。

衣

吧台下方

吧台下方可同時收納客廳與餐廳會使用的物品。也能放置用餐時會使用的物品，或是客人來訪時使用的物品、布料織品、小垃圾筒……等等。

住

茶几

客廳中若放有茶几，可放報紙、雜誌、遙控器、面紙等等，以方便使用。

住 影視播放周邊用品

電視周邊必需的相關用品、雜誌、型錄

住 邊桌・櫃子

擺放裝飾用的圖畫、花朵、餐具

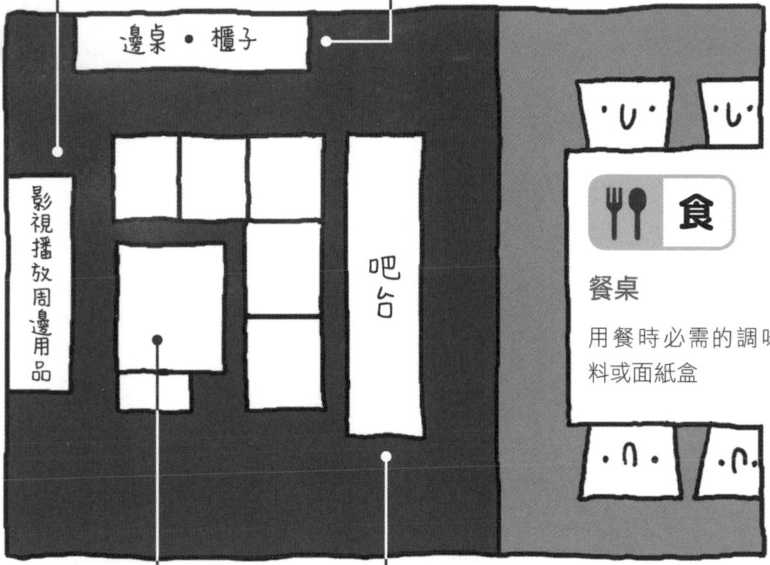

食
餐桌
用餐時必需的調味料或面紙盒

住 茶几

想放在沙發或茶几附近的用品、報紙

衣 吧台下方

客餐廳同時會用到的桌巾、餐巾等布料織品

memo

待在客廳時，大家都會做些什麼？

每個家庭的狀況不同，**因此要確定自己家裡的生活形態**，再將需要的物品收納在客廳裡。

「看不見的收納」與「看得見的收納」

收納有兩種方式，一為「看不見的收納」，一為「看得見的收納」。只要注意「七成看不見，三成看得見」的收納原則，就不容易失敗，看起來也會很整齊清爽。

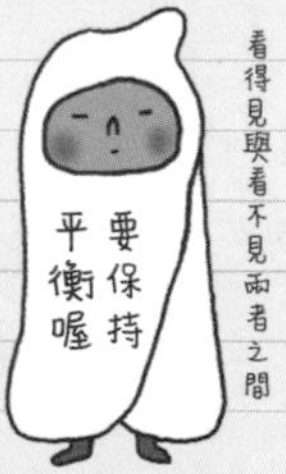

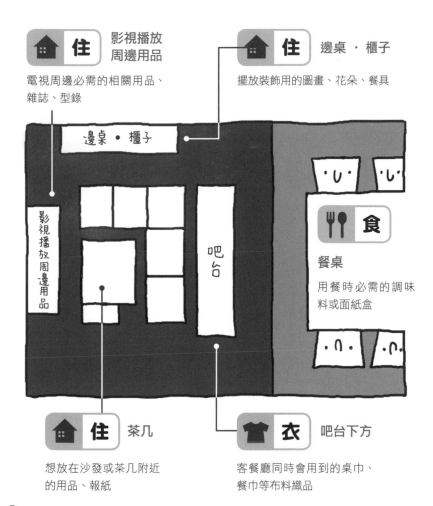

要保持平衡喔
看得見與看不見兩者之間

視聽播放設備，不需要的就丟掉

留下常用、常看的影碟

窩在沙發上休息、觀看DVD時，一定會希望電視附近能保持乾淨整齊。但是，看完的DVD或聽完的CD、雜誌類，總是不知道收在哪裡好，只好隨便亂放。

先將放在電視櫃的物品加以分類，再收納整齊。不過由於收納空間有限，所以**用不到的物品，或是已經不會再看的東西，不如乾脆處理掉**。

處理不要影碟和報章雜誌時，可以用前面提到「丟東西時的三大簡單原則」，幫助你順利完成物品三部曲中「捨棄」的部分。

• 用不到、不會再看的影碟，就丟掉吧！ •

現在還會聽、觀賞的音樂和影片

常看的 DVD、常聽的 CD

常看、常聽的影碟，數量並沒有那麼多，從眾多的 DVD、錄影帶和 CD 中，選出常看常聽、或是每隔一段時間還會拿出來的 CD 和影片。

錄影帶

年代久遠但捨不得丟的錄影帶，偶而還是會拿出來看。

DVD

目前正在觀賞的 DVD，可依照影集或錄影存檔進行分類。

CD

將常聽的音樂 CD 放在一起，再分類成日文歌曲、西洋歌曲等等。

有特色的 CD 外盒、一整套的影集

想擺設在顯眼處的整套影集

雖然已經不常看也不常聽的成套影集，以及想放在顯眼處當成擺飾的影碟。

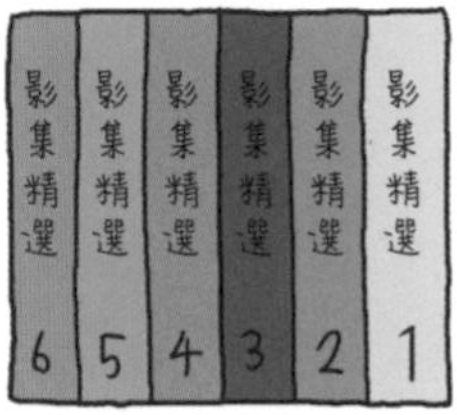

成套的 DVD、錄影帶

最愛看的戲劇或動畫，或是成套的 DVD 或錄影帶。

自己特別喜愛、包裝設計獨特的 CD

外盒包裝設計有特色，自己也喜歡的 CD 專輯。

不常看，但希望保留的影音

不看的錄影帶、很少聽的 CD

幾乎不看了、不聽了，但卻十分捨不得丟掉的影音類，可先分類在「暫時保留的物品」區。

不看的錄影帶

以前很著迷，但已經不知道幾年沒看的錄影帶。

不聽的 CD

小時候最愛的偶像或合輯 CD。

memo

確定不會再聽或看的影碟，就乾脆處理掉！

收納空間有限，確定今後不會再看的影片、不會再聽的CD，不妨送給別人，或是回收、丟掉，只保留最近會聽、會看，和有紀念價值的。

收納 idea

利用彩色組合櫃，組裝成電視收納櫃

將彩色組合櫃放在電視兩側，上面再橫放一張天板，就能完成一個電視收納櫃了，而且還能整齊收納雜誌或搖控器，記得使用 L 型鐵片將板子固定牢靠。

memo

搖控器怎麼收，才不亂？

搖控器應放在餐桌或沙發附近的固定位置，而且最好準備籃子等容器專門收納。

準備物品

彩色組合櫃

材質可搭配室內裝潢風格的彩色組合櫃兩個，以及較寬的彩色組合櫃一個。

彩色組合櫃兩個

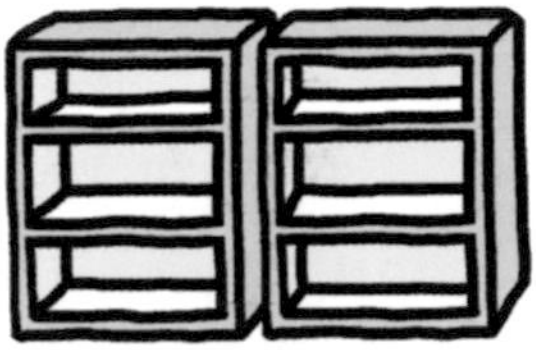

較寬的彩色組合櫃

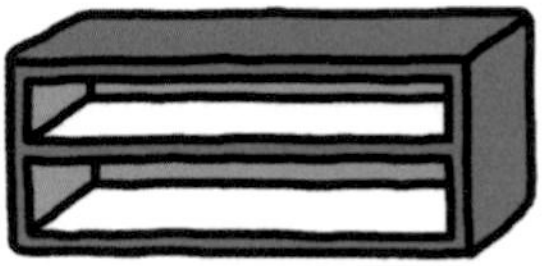

天板

寬度與電視及彩色組合櫃縱深相同的天板一片。

L 型鐵片

八個

作法

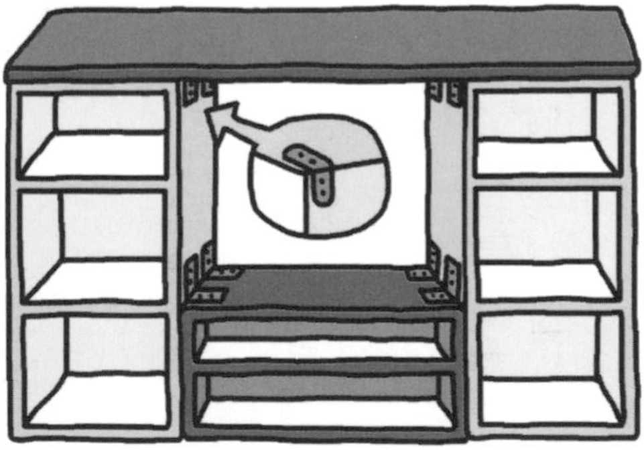

1. 配合電視的寬度，將彩色組合櫃放在電視兩側。
2. 擺進較寬的彩色組合櫃。
3. 放上天板。
4. 利用 L 型鐵片固定天板與彩色組合櫃。

• 打造最適合你家的電視櫃，收納更有效率 •

收納可以當作擺飾的成套物品

將可以當作裝飾的成套CD或影集放在這裡，但須注意，若超過一定數量後就得處理掉。

目前常看常聽的影音

經常使用的影音不用收起來，而要放在方便拿取的地方。

雜誌類可收在 A4 文件盒中

利用 A4 文件收納盒收納雜誌類，最好選擇符合彩色組合櫃寬度的文件收納盒。

memo

利用「紙袋」暫時收納，讓客廳雜物消失

依照不同類別、不同地方、不同對象等等，再配合生活習慣將物品加以分類後，放進不同的紙袋中，等到有空時再移至固定的收納地點。將紙袋當作暫時收納處，放在客廳出入口附近，這樣就能馬上注意到，避免忘記它的存在。

活用邊櫃的特性，把收納變擺飾

注意「收納」和「裝飾」的平衡

裝飾用的物品要放在邊櫃，將擺飾當成一種收納，而家人共用的物品，則要放在櫃子裡「藏起來收納」。

復古相框、圖畫、好看的玻璃杯……等等，可放在邊櫃裝飾，當作「看得見的收納」；**不想在公共空間擺出來的物品，則要收在櫃子裡，當作「看不見的收納」**，讓房間的收納更有彈性，注意「七成看不見、三成看得見」的平衡性，整體就會給人整齊清爽的感覺。選擇裝飾的時候，也別忘了素材和色調要統一風格。

• 將收納在邊櫃的物品進行分類 •

復古相框、圖畫、紀念品、好看的玻璃杯

復古相框或餐具，可以當作「看得見的收納」擺出來當裝飾。但要小心，一旦物品數量太多，反而會變得雜亂。

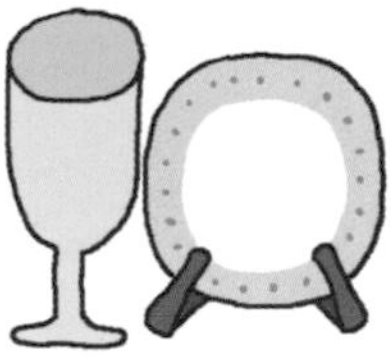

玻璃杯、餐具

訪客用且具有設計感的玻璃杯或餐具，可擺出來收納當作裝飾。

裝飾品

個人喜愛的裝飾品，可以放在邊櫃上。

圖畫、相框

想保留下來的圖畫或照片，可挑選邊框別緻的相框中當作擺飾。

花朵

時令的插花作品可以放在邊櫃上作裝飾，讓氣氛變得更好。

邊櫃上的裝飾，怎麼擺才不顯亂？

裝飾風格須一致

一開始就要先決定好房間的風格，自然風、現代風還是鄉村風，再配合房間的風格統一裝飾素材。也可以在餐墊上擺放同色系的小擺飾，即使不同素材，只要顏色能夠搭配，看起來風格就會一致。

將時令花朵用喜愛的花瓶裝飾

在裝飾品旁，也可加入時令花朵插瓶，瓶子的風格也要注意和其他裝飾符合。

較高的物品擺後方，較低的物品擺前方

收納時有一個鐵則：較高的物品擺在後方，前方則擺放較低的物品。再將三種品項以三角形的方式排列，視覺上達到平衡感，看起來就舒服。

玻璃櫃中擺放杯具或小東西

收納在玻璃櫃內的物品，以杯具組或小東西為主，種類太多會給人雜亂的感覺。

收納光碟時，貼上網紗或布料

將 CD 或 DVD 收納在櫃子裡時，容易給人凌亂的感覺，此時不妨在玻璃門後面貼上網紗或布料當作遮掩。

• 哪些物品是「看不見的收納」？•

家中成員的個人的物品

電話、家事、郵件相關物品

這三種物品除了較私人之外，擺出來也容易給人凌亂的感覺。

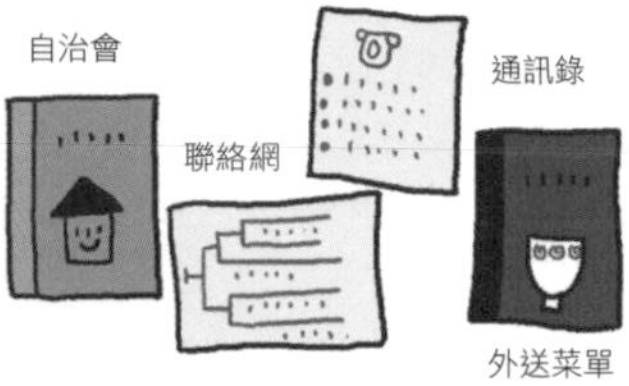

電話聯絡名單

包含聯絡網、通訊錄、外送菜單等，和「電話聯絡」有關的名單、FAX 用紙等等。

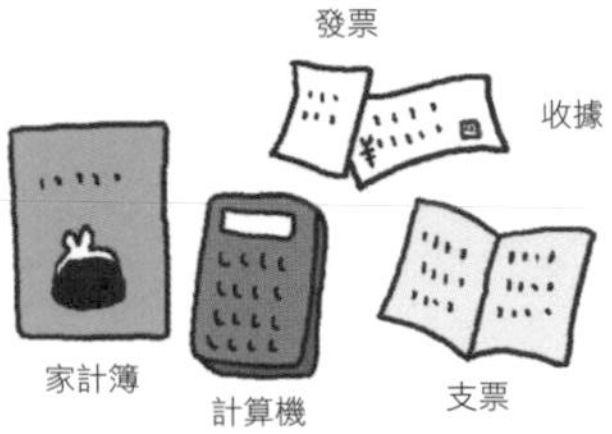

收支消費紀錄

和家庭的收支、消費等相關用品，須統一收納。

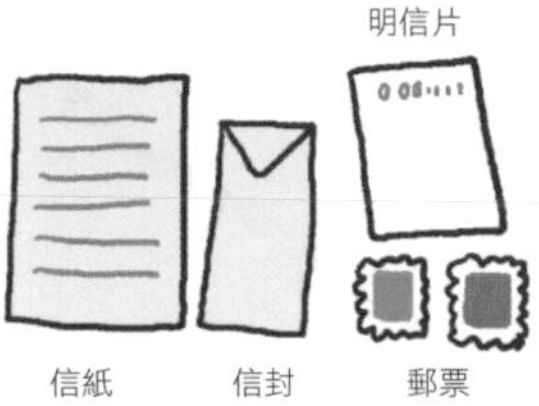

郵務、郵件用品

除此之外，相關的紅白包袋也可以放在一起。

文具、筆記用品

瑣碎的文具用品，依照以下四大用途分類：

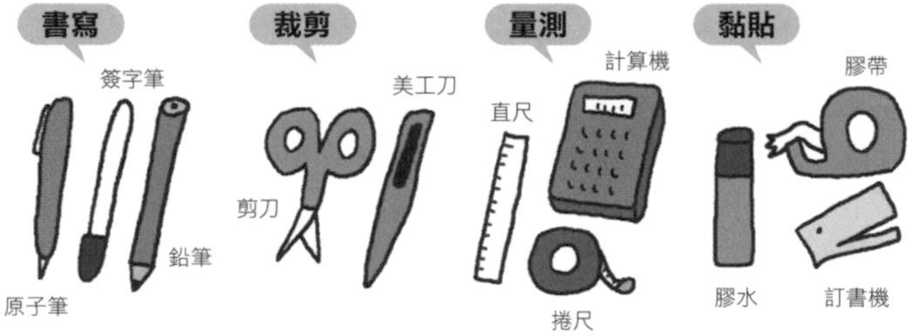

瑣碎物品

例如指甲刀這類的衛生清潔相關用品，可收納在同一處。

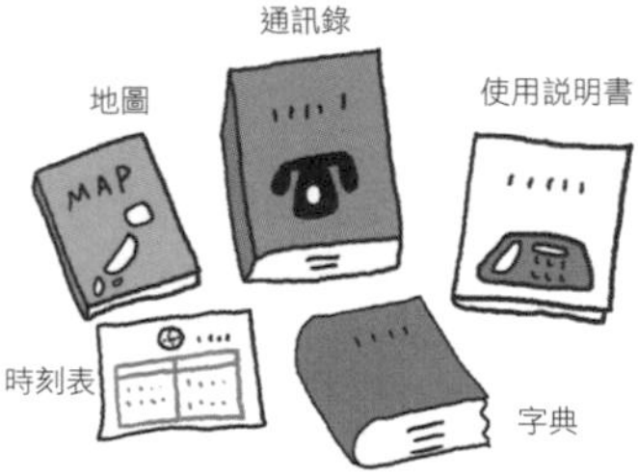

資訊相關用品

分成兩類：①直立擺放較方便的物品，②使用頻率低的物品。

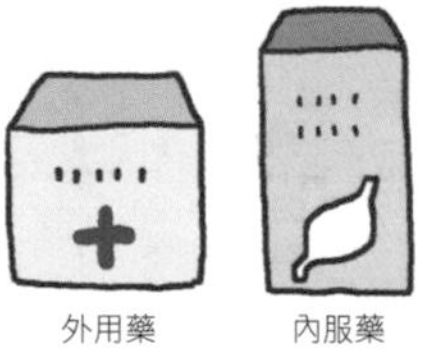

急救箱

區分成內服藥與外用藥，以方便使用。

• 客廳櫃子中的物品，該怎麼放？ •

瑣碎的東西，用小袋子收納
郵件相關用品統一收納在一個抽屜裡，郵票等較瑣碎的物品則須放進小袋子裡，以方便使用。

文具依用途分類，放隔層收納盒中
文具、筆記用品可依照「書寫」、「裁剪」、「量測」、「黏貼」等不同用途進行分類，收納在有隔層的收納盒中。

電話聯絡名單，用一本資料夾收納
電話聯絡名單相關用品應統一收納在一本資料夾中，方便查閱。FAX用紙也能視為聯絡相關用品收納於此處，以方便使用。

收支消費紀錄放在抽屜式收納盒
家計簿、計算機等家事相關用品，應統一收納在抽屜式收納盒中；瑣碎的收據則要統一收納在小型文件夾中。

藥品分內服與外用，連同外盒放進急救箱中
將內服藥與外用藥分類後，再連同外盒分區收納，避免箱內變得亂七八糟。

直立擺放，並用雜誌架收納
使用頻率低的資訊相關用品與書籍，可立起來收納在較高的櫃子裡。再使用雜誌架，就能收納得整整齊齊。

衛生用品收納有隔層的抽屜
例如指甲剪或挖耳勺這類的衛生用品，因為較為瑣碎，所以應在抽屜裡增加隔層，收納整齊。

收納 idea

善用淺收納盒、文件夾、雜誌架
將瑣碎物品收納在淺底抽屜式收納盒中，使用起來會比放進有深度的容器中更方便。文件則可立起來放進文件夾或雜誌架等收納容器中，不但可使內容物一目了然，取用時也很簡單。

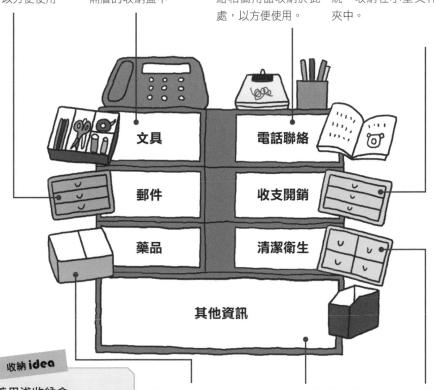

廚房和客廳通用的物品，如何收納？

放在廚房和客廳間的吧台櫃

有許多小家庭的格局，會在廚房和客廳中間放置吧台，當作簡單的空間區隔。吧台下方是很方便的收納空間，但卻常常沒被好好利用。不知道該把什麼物品收納在這的話，不妨先思考看看，**什麼東西同時放在客廳與餐廳，使用起來最方便？**

舉例來說，在餐廳吃火鍋時會到的卡式爐，還有在客廳閱讀的雜誌和衛生紙等消耗品，就很適合放在吧台下的收納櫃裡。客人來訪時使用的物品，也建議大家可以統一收納在此。

● 該放在廚房？還是客廳呢？●

在餐桌上用餐時會使用的物品

調味料和卡式爐等等

統一收納餐桌周邊會使用的物品，或是有了會更方便的物品。瓦斯罐也可以收納在附近，方便使用。

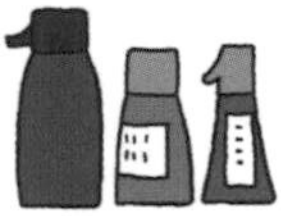

桌上調味料

醬油、鹽、胡椒、七味唐辛子等等。

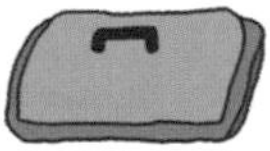

電烤盤

燒肉、炒麵時可使用。

卡式爐

吃火鍋等料理時，可坐在餐桌上享用。

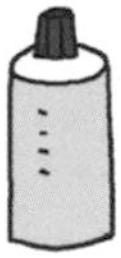

瓦斯罐

卡式爐專用的瓦斯罐備用品。

有了會更方便的物品

消耗品的備品、客人來訪時使用的物品

面紙或濕紙巾等消耗品的備品，以及客人來訪時使用的物品、資訊相關用品、藥物、打掃工具，都可以收納在這裡。

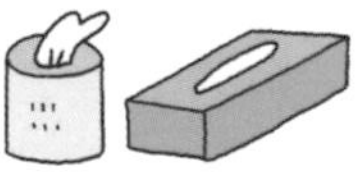

消耗品的備品

面紙或濕紙巾的備用品。

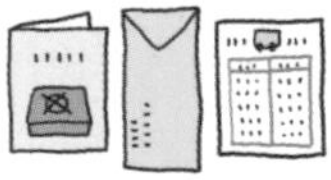

資訊相關用品

家計簿、家電使用說明書、郵件相關用品、時刻表等等。

藥品和清潔相關用品

指甲刀、挖耳勺、藥品、打掃工具。

客人來訪時使用的物品

客人專用的成套用品。

•[圖解]規劃吧台下方物品的收納位置•

資訊相關用品，收在雜誌架裡

家電的使用說明、郵件相關用品、家計簿、時刻表等，應統一收納在雜誌架裡。

放置小垃圾筒

放置垃圾筒，以便隨時丟棄客廳或餐廳產生的垃圾。

訪客專用物品

玻璃杯類、餐墊、宴會用品等等，客人用成套的用品須統一收納。

用餐時的器具

卡式爐、電烤盤等應放在方便取用的位置，瑣碎物品則利用盒子來收納。

面紙、濕紙巾、瓦斯罐

備用品須放在最下方。

簡易的打掃工具

將打掃工具放在餐桌附近，當餐桌或地板弄髒時，就能馬上打掃乾淨。

藥品、清潔衛生用品，收在隔層托盤中

如指甲刀或挖耳勺，較瑣碎、體積小的物品則收在隔層托盤盒中，以便使用。

收納 idea

規劃「備用空間」，客人來訪時會更方便

在櫃子中準備一處「備用空間」，當客人突然來訪時，就能將餐桌上的物品立刻清空收在此處，十分方便。

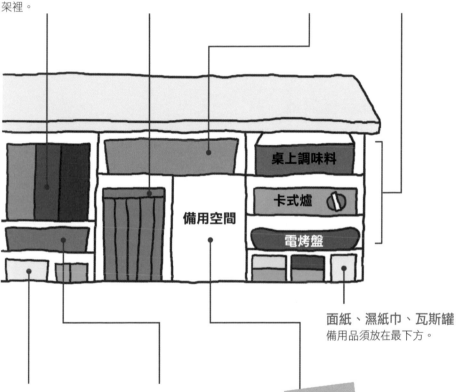

擺放家具的三大巧思，居家空間更清爽

雖然按照前面所說的要點，將客廳的物品分類，很想把居家空間收納得整整齊齊，卻還是看起來凌亂不堪……有這種煩惱的你，快看看專欄中有關「擺放家具」的三大重點，客廳看起來就會很整齊！

家具擺放方式

居家空間中有各式家具，若隨意擺放的話，就算東西分類好、收進櫃子裡，整體看起來就會有凌亂感。不過，只要配合家具的高度擺放，或將表面對齊，看起來就會變整齊囉！

POINT 1

由高至低擺放

當家中有衣櫥和五斗櫃等高度皆不相同的家具時，切記不能隨便亂擺，應由高至低擺放，視覺上才會形成流暢的線條，使房間看起來變大、變整齊。除了大型物品外，收納盒或其他收納箱，也應「由高至低」擺放整齊。

家具

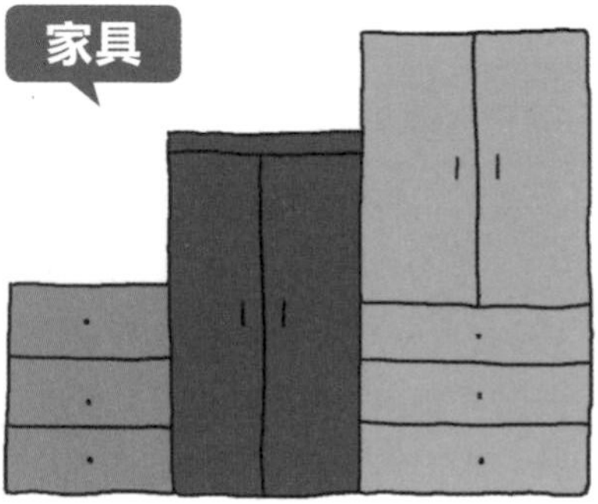

收納箱、收納盒

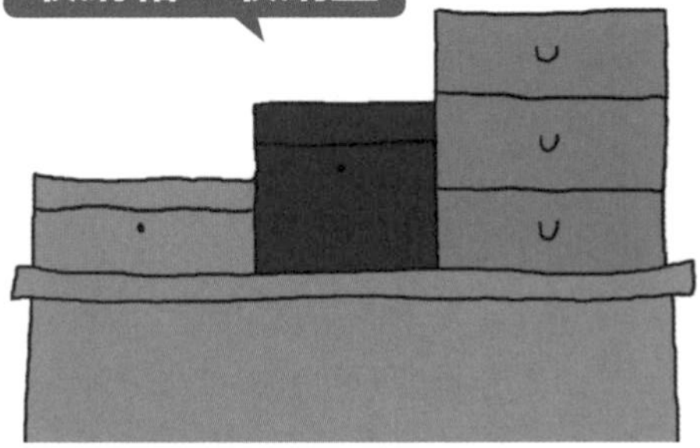

由高至低擺放，
房間看起來變大也變整齊

除了由高至低擺放外，也要注意打開門板時會造成死角的一側，應擺放較高的家具，接著再依序擺放較低的家具。

收納箱也須「由高至低」擺放

除了大型家具須由高至低擺放，櫃子或邊櫃上的抽屜式收納盒以及箱子，也要由高至低擺放，看起來才會整齊。

POINT 2

家具高度一致

家具高度只要一致，視覺上自然看起來就會很整齊。可將餐具櫃或書櫃等家具的層板左右對齊，擺放成水平狀態。但是過於重視美觀，刻意將層板保持一致的話，有時反而會造成收納量減少，所以應衡量美觀或收納量何者較為重要，再行決定。

◎種類不同且較低的家具，只要高度一致，看起來就會很整齊。再放上層板，營造出水平的線條。

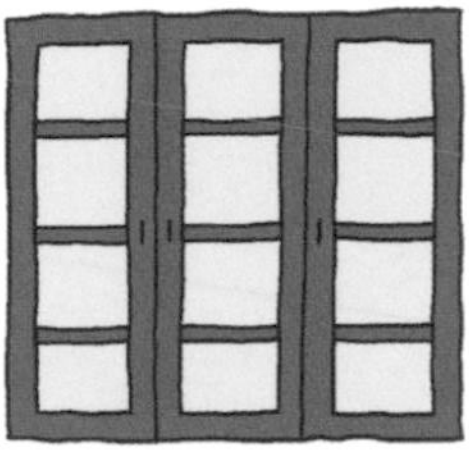

◎將餐具櫃的層板高度對齊。

POINT 3

家具表面對齊

將家具的表面對齊。家具縱深各有不同，所以應將其他家具的表面與縱深最深的家具對齊，避免凹凸不平的情形，看起來就會很整齊。而家具後方與牆壁中間所形成的空間，也可好好運用作為收納。

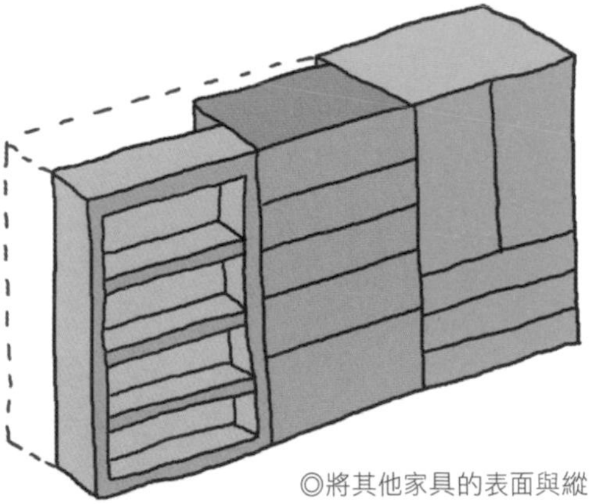

◎將其他家具的表面與縱深最深的家具對齊擺放，與牆壁中間的空隙則可用來收納暖桌面板等物品。

傍晚
熱水澡真舒服呀
哈哈哈
好了~~小鴨鴨，我們去泡澡囉
要把身體洗乾淨喔~
唉呀
鴨子底部怎麼黑黑的
發霉了嗎!?
つん
真的耶，發霉了…
怎麼會這樣~
用肥皂洗得掉嗎？
我來試試看
用肥皂也洗不掉耶？
就連其他瓶瓶罐罐，底部也都黑黑的~~
問題就出在**收納的方式**
直接放在地板上的話，潮濕的部分就會開始容易發霉，所以要小心喔！
最好使用容易乾燥的架子來收納
收納時，得更用心囉~
也可以使用掛勾，吊起來收納喔

說到收納，這裡也需要……
的確
沒在用的東西，乾脆丟掉吧！
這個也不要了
這個也是
這個也是
丟
丟
那一瓶，爸爸還要用喔
啊
原來是「生髮液」
剩下一點，快用完了
髮油
MOJA
當天晚上
我回來了～加班好累啊
回來啦
觀察頭頂部位
!!
暮夜子發現爸爸的煩惱後，
要去買什麼呢？
爸爸的東西
偷偷地做了一件事。
藥粧店
隔天
浴室變得好整齊啊～
啊
用完後，忘記買新的了
記得明明用完了，居然有新的一瓶
之前都是自己買回來用的
算了，反正有得用就好♥

衛浴收納的重點：保持通風、乾爽

用透氣塑膠籃收納，方便清潔和取用

衛浴空間中，主要會有洗臉台、洗衣機、廁所、浴室等衛浴設備。一旦濕度過高，就會加速發霉的情形，所以最重要的就是**保持通風**，用心收納保持清潔。

另外，若是塞滿太多雜七雜八的東西，也容易造成濕氣不易散去，**所以要使用透氣且可以直接清洗的塑膠籃**，才能收納整齊且方便取用。這樣才能打造一個方便打掃，又舒適的空間。

• 如何收納才能保持衛浴間乾爽？ •

住

洗臉台

洗臉台須收納刷牙、洗臉、洗護髮、化妝時必需的用品，備品則收在洗臉台下方。

衣

洗衣機

洗衣服時必需的洗衣精、洗衣袋、衣架、洗衣籃等用品。

住

廁所

衛生紙、生理用品等消耗品的備品，以及衛浴間的打掃工具。

住

浴室

肥皂、洗髮精、潤絲精等洗澡時會要用的必需品，以及打掃浴室的工具。

衣

更衣間

更衣間主要收納浴室用的毛巾、洗完澡後要換上的內衣褲和睡衣等布料相關物品。

衣 更衣間

在浴室用的毛巾、內衣褲、替換衣物

住 洗臉台 鏡子周邊

牙刷、牙膏、洗面乳、洗手乳、肥皂

住 洗臉台下方

洗護髮用品或化妝品的備品

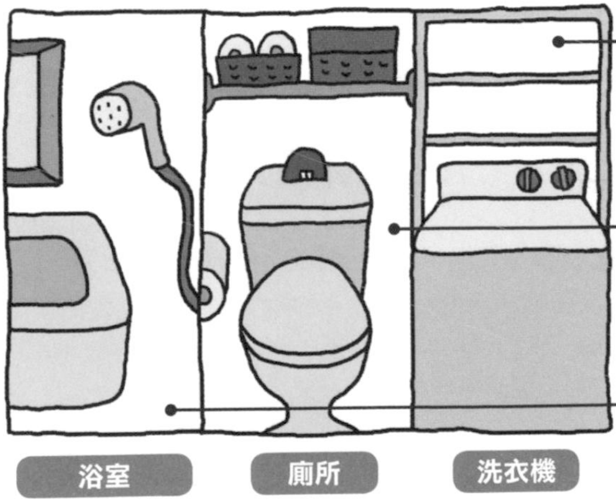

衣 洗衣機

洗衣精、洗衣袋、衣架、刷子、洗衣籃

住 廁所

廁所打掃工具、清潔劑、芳香劑、垃圾筒、衛生紙、衛生棉

住 浴室

肥皂、洗髮精、刷子、毛巾、打掃用品

POINT ！
打掃方便與備品的收納

浴廁裡會有許多肥皂或洗髮精等消耗品，還必須擺放一些備品，但就算仍有空間擺放，也千萬不能塞得太滿。須考量到打掃的方便性，控制在夠用的數量即可。

規劃通風佳的收納方式

浴廁的收納須注重「通風」，以及「避免濕氣不易散去」的問題。另外收納用品不適合使用容易吸收濕氣的紙製收納用品，最好使用透氣且可整個清洗的塑膠製籃子。

memo

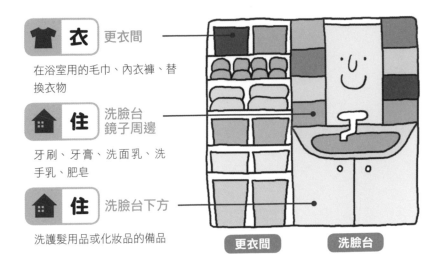

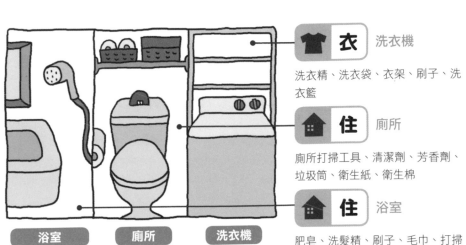

洗臉台和更衣間的三種清潔品

收納物品多，按照用途分類

洗臉台或更衣間會放置清潔劑、化妝品、打掃工具、毛巾、替換衣物等大量物品。所以浴廁收納的重點，可以依照「**讓身體變乾淨的物品**」、「**讓家裡變乾淨的物品**」、「**讓衣物變乾淨的物品**」這三種方式將清潔用品分類。

不用的物品一定要丟掉，收納夠用的數量即可；經常使用的物品要放在方便拿取的位置，其他物品則收納在看不見，但方便拿取的地方。

• 想想看：你會在洗臉台鏡子前做什麼？ •

洗臉用品、保養品

先想想看，你會在洗臉台前做些什麼事情？如果多為洗臉、化妝和吹整頭髮為主，再思考你會使用到什麼物品。

使用於臉部的清潔用品

➡ 刷牙或洗臉時使用的物品

將刷牙時會用到的牙刷、洗臉時必需的洗面乳或肥皂等物品統一收納。

每天使用的基礎保養品

➡ 洗臉後使用的基礎保養品

化妝水、乳液、美容液等洗臉後使用的基礎保養品，以及保養時會使用的化妝棉等物品，都應收納在一起。

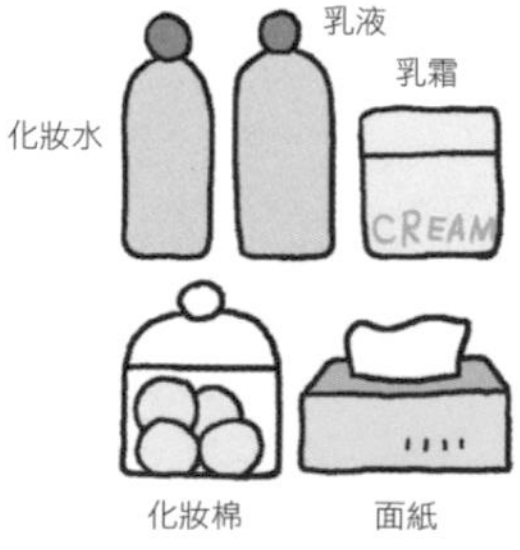

整髮用品

➡ 梳理、整理頭造型時的用品

整理頭髮時也會待在洗臉台，所以整髮時的用品也可收納在此處。

彩妝品

➡ 粉底等彩妝用品

化妝時會使用到的粉底、口紅、化妝器具。

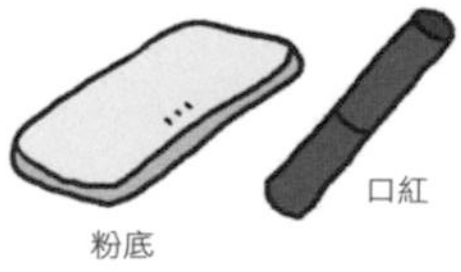

• 洗臉台下方，專門存放備品 •

試用品、備品

將會在洗臉台或浴室使用到的化妝品，或是洗面乳等備品收納在洗臉台下方，方便使用，小包裝的試用品也能收納在此處。

小包裝試用品

小包裝的保養品、洗髮精和潤絲精試用品。

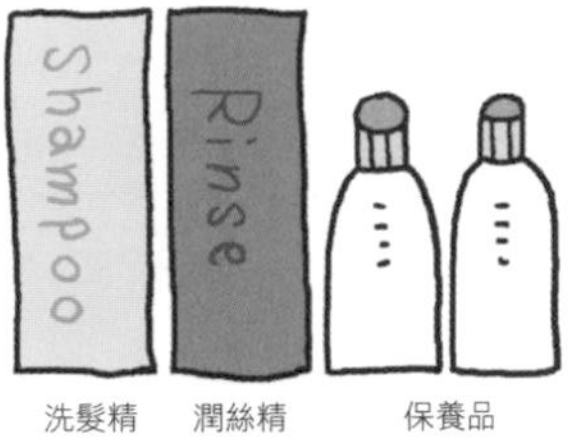

整髮用品或保養品的備品

會在浴室使用的洗髮精、潤絲精、肥皂和整髮用品。

• 更衣間專放布製品 •

洗衣或洗澡用備品、毛巾、替換衣物

更衣間主要用來收納洗完澡後使用的毛巾、替換衣物等布料製品，收納時也須注意取用方便的問題。另外也很適合用來收納洗髮精、潤絲精、肥皂、整髮用品的備品。若能留一個放置洗衣籃的空間，使用起來會更方便。

洗衣、洗澡用備品

統一收納洗澡時使用的洗髮精、肥皂、洗衣粉、柔軟精等備品。

替換衣物

將內衣褲和居家衣或睡衣等替換衣物，依照每位家人分類後放在一起，洗完澡就能在更衣間進行替換。

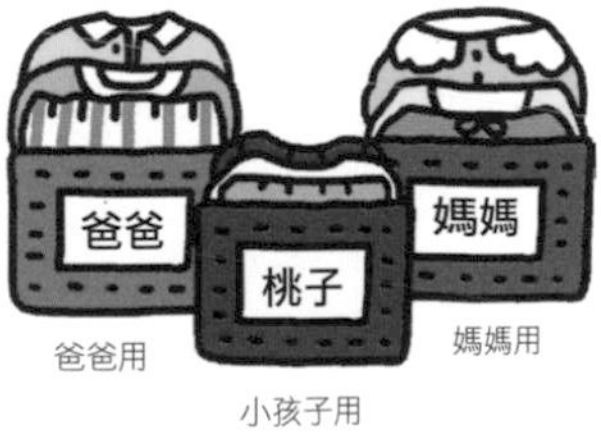

毛巾類

洗完澡後馬上就會用到的浴巾和毛巾要放在這裡。

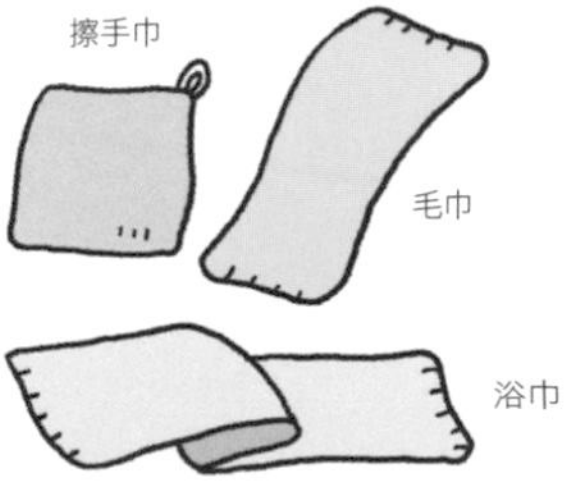

• 洗臉台鏡子四周收納物品的位置 •

彩妝品

經常拿進拿出的彩妝用品，應放在左邊鏡櫃最上方。

每天使用的基礎保養品

基礎保養品的瓶瓶罐罐，須固定位置，才不顯亂。

化妝用具

化妝棉、衛生紙、海棉球等等，化妝時會用到的消耗品和用具。

洗臉用品

每天使用的牙刷或肥皂，可放在離洗臉台較近的下方。

• 洗臉台下方，收納試用包和備品 •

＊化妝品試用包

試用包固定放在門板後方的吊掛式收納袋中，全新的化妝品則要等試用包用完後再拿出來使用。

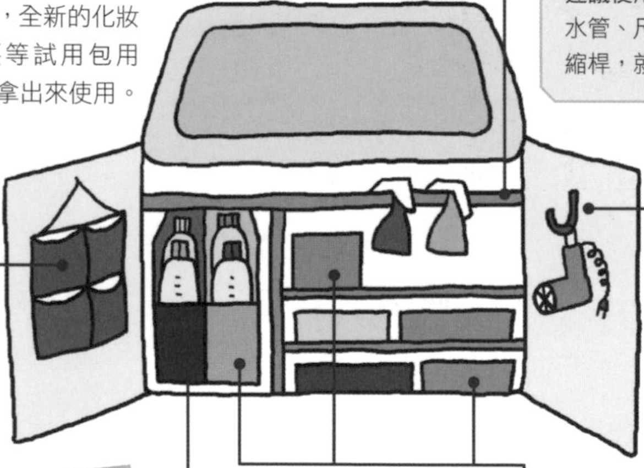

收納 idea 1

善用伸縮桿或層架

避免將物品直接擺在洗臉台下方，建議使用專用層架。利用可避開排水管、尺寸大小剛剛好的層架或伸縮桿，就能有效利用空間。

收納 idea 2

利用黏貼式的掛勾收納吹風機

將黏貼式掛勾黏在門板後方，把吹風機吊掛起來收納，只要關上門板就能把帶有長電線的吹風機藏起來，避免凌亂感。

收納 idea 3

活用文件盒收納塑膠瓶容器

不僅能收得整齊，拉出來就能馬上取用，也能活用空間。

備品依照品項分類

洗臉台下方可收納備品。只須將化妝品、整髮用具等物品，依照品項分別裝進籃子裡，就能像抽屜一樣馬上拉出來取用。

更衣間收納物品的位置

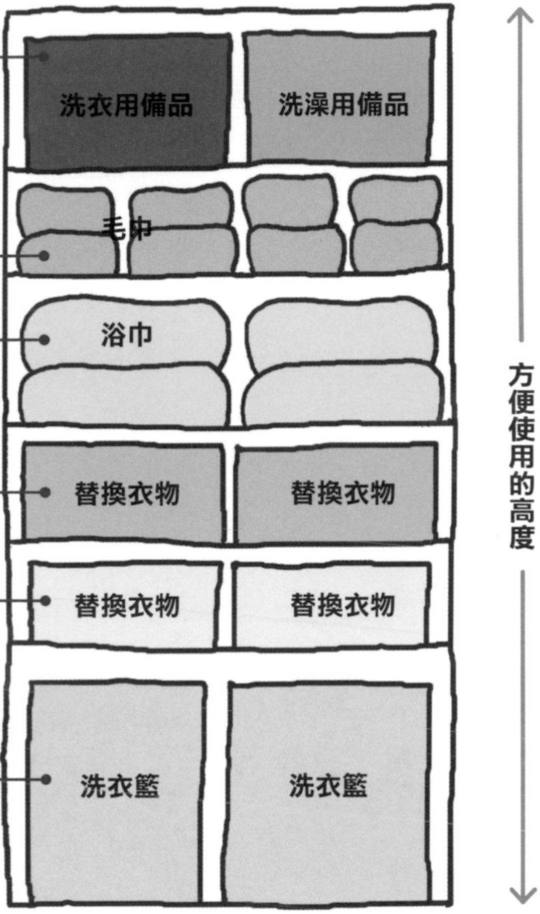

備品放在最上方

保持身體或衣物清潔的備品須統一收納，再分類成「洗衣用」、「洗澡用」的籃子或層架加以收納。而且數量只要維持各一瓶即可。

毛巾放在隨手可得處

毛巾很佔空間，所以只要準備夠用的數量即可。

替換衣物依成員或不同品項分類

替換衣物可依照每一位家人，或是不同品項，統一收納在籃子裡。

換下來的衣物，丟進洗衣籃中

在更衣間準備洗衣籃的空間，換下來的衣服就不會隨意亂丟了。

收納 idea

替換衣物只須準備一週分量

東西只要一多，就會顯得凌亂。雖然每個家庭需要的數量各不相同，但其實替換衣物只需準備一週的分量就夠用了。

利用層架和收納籃，活用洗衣機上方空間

洗衣機上方的空間，是打造乾淨洗衣間的重點

活用洗衣機上方的空間，就能創造出收納空間。而且只要利用層架或籃子，就能把容易亂七八糟的衣架或清潔用品收納整齊。

先想想你要使用洗衣機時，需要用到什麼東西，然後加以分類，收納時再大致區分成「**洗衣時必需的物品**」、「**晾衣時必需的物品**」。備品的數量只須夠用即可，收納時讓所有物品都能一目了然。

● 將收納在洗衣機周邊的工具進行分類 ●

晾衣時使用的小道具

衣架、夾衣架

晾衣時使用的小東西須統一收納，而且數量夠用即可。

洗衣時用的清潔劑

洗衣精、柔軟精等清潔用品

清潔用品須統一收納，已經用過且每天都會使用的物品，須與備品區分開來。

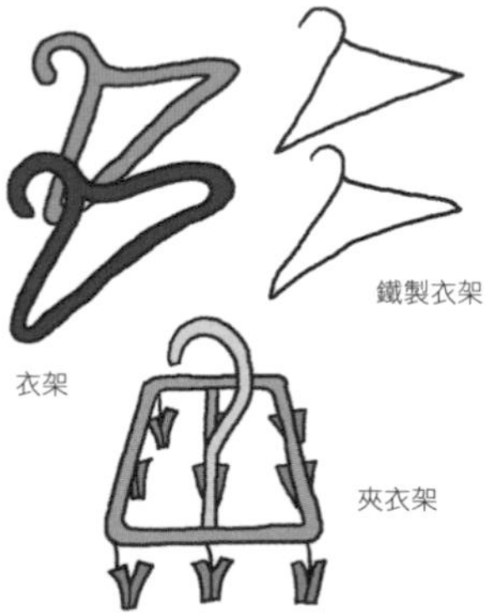

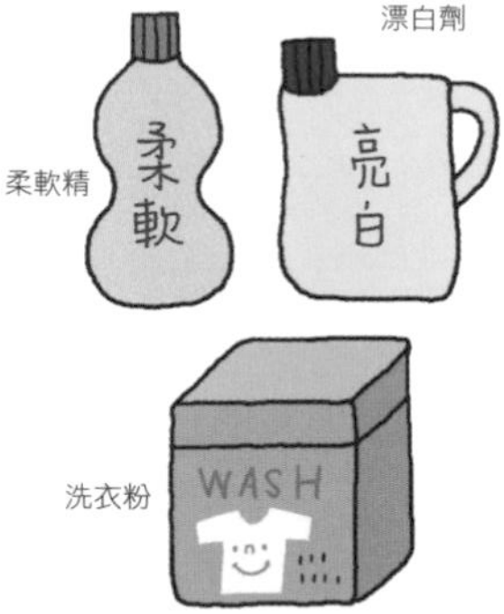

•［圖解］洗衣機上方的空間利用法•

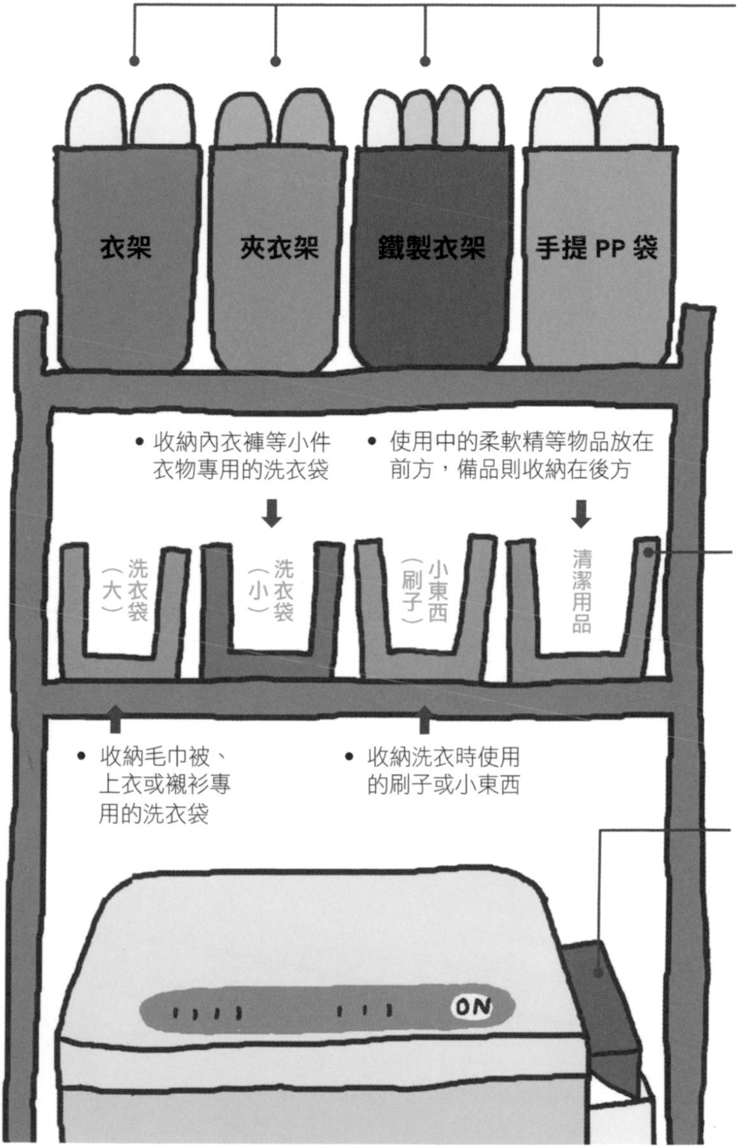
衣架
夾衣架
鐵製衣架
手提 PP 袋
• 收納內衣褲等小件衣物專用的洗衣袋
• 使用中的柔軟精等物品放在前方，備品則收納在後方
洗衣袋（大）
洗衣袋（小）
小東西（刷子）
清潔用品
• 收納毛巾被、上衣或襯衫專用的洗衣袋
• 收納洗衣時使用的刷子或小東西
ON

晾衣工具放進籃子，收在最上方

晾衣時必需的工具，須依照不同種類放進籃子或盒子裡，再收納於最上方。

洗衣時必需的工具，放在前方開洞的籃內

洗衣時必需的物品可收納在同一層，而且前方開洞的籃子使用起來最方便。

將正在使用的洗衣精，收納在附有磁鐵的收納架上

洗衣精最好放在與洗衣精投入口等高的地方，以方便使用。只要利用強力磁鐵型收納架，就能吸在洗衣機的側面。

五種晾衣小道具的創意收納

晾衣服的小道具，有各式各樣的形狀與材質，收納起來最傷腦筋。以下列出大家在晾衣服時最常遇到的五種煩惱，如何收納，才不會要用時找半天呢？

煩惱 1

衣架纏在一起

將方型夾衣架和一般的衣架交錯收納

將裝在塑膠袋裡的衣架放在正中央，兩側收納方型夾衣架。

煩惱 2

衣架拿來拿去好麻煩

裝進手提袋中

裝進手提袋中，就能輕鬆拿來拿去，而且還能一次全部拿到其他地方。

煩惱 3

鐵衣架數量多很難收納

掛在紙箱邊邊

將紙箱的蓋子往內折，再將衣架掛在箱邊收納整齊。

煩惱 4

洗衣籃體積大，很佔空間

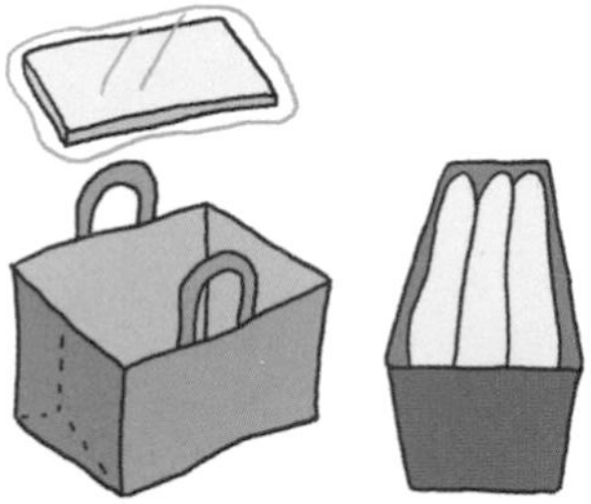

使用贈品提袋

準備大型的 PP 袋（聚丙烯袋），底板再蓋上塑膠袋，就能將濕衣物丟進去。不用時再折起來收納。

煩惱 5

收衣服和分類，最傷腦筋

依照家庭成員分類，放進手提袋中

收衣服時，可依照每位家庭成員分裝至袋子中，以方便作業。然後將袋子拿到「暫放晾好的衣物」收納區即可。

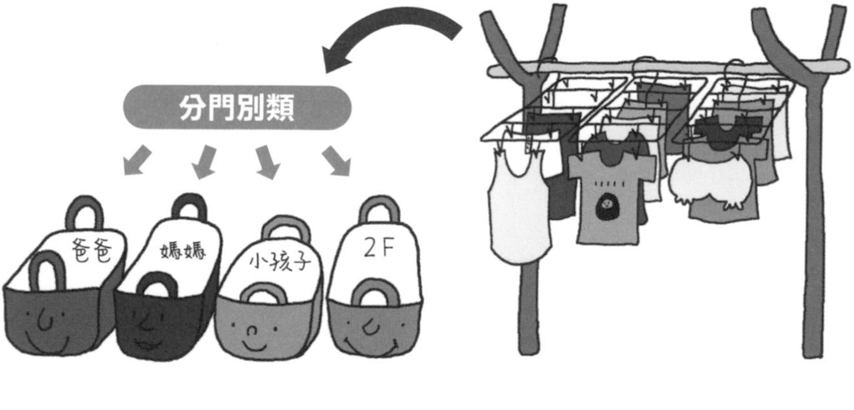

浴室中的物品，須架高以預防發霉

使用層架，避免發霉弄髒

浴室是容易發霉、容易弄髒的地方，像是洗衣精、潤絲精、肥皂等洗澡用品，最好掛在牆上，或是利用離地的收納層架，遠離地面保持乾燥。

收納用品則推薦使用**不容易發霉，且堅固耐用的不鏽鋼製品**。打掃用品也要放在附近，常常整理打掃，就能隨時保持「乾淨」。記得，收納打掃用品時，也要遠離地面。

• 將收納在浴室的物品進行分類 •

洗澡時必需的用具

肥皂、洗髮精

洗澡時必需的用具須統一收納，例如洗頭髮用的洗髮精與潤絲精、洗澡用的肥皂與沐浴乳等等，可收納在同一個地方。

➡放在肥皂盒上，再放在鐵架上保持通風。

➡壓瓶式沐浴乳也是清洗身體的，可和肥皂放同一處。

洗髮時和洗髮後使用的用具當然要收在一起。

洗澡時的用具

洗澡時的用具須統一收納，而且收納要避免發霉。

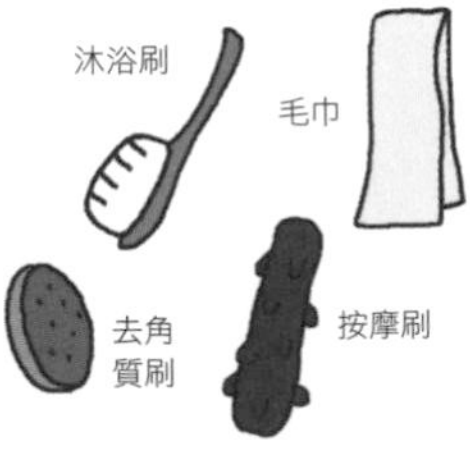

打掃用品

浴室是個需要隨時快速打掃的地方，所以打掃用品應統一收納，以方便馬上使用。

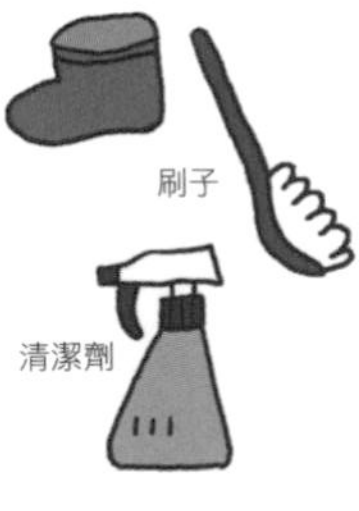

•［圖解］規劃浴室用品的固定位置•

memo

水杓和椅子如何保持乾燥？

想要解決發霉的問題，最重要的就是避免碰水，最好放在浴缸蓋子上方保持乾燥。

將掛勾黏在牆壁上，吊掛防水鞋

鞋內及鞋底容易發霉，所以須吊掛起來收納，以保持通風。

刷子吊在S型掛勾

屬於打掃工具的刷子也要吊掛在S型掛勾上。

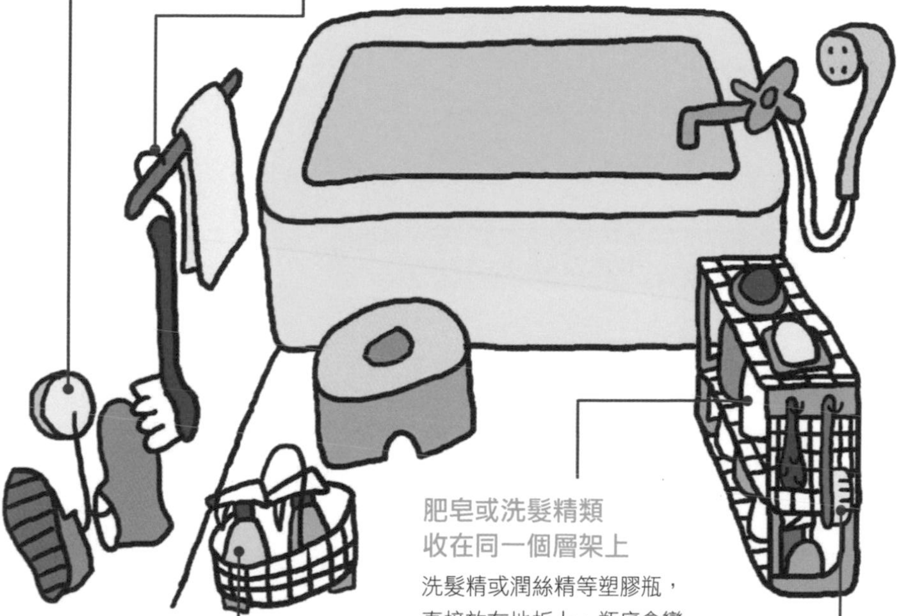

肥皂或洗髮精類收在同一個層架上

洗髮精或潤絲精等塑膠瓶，直接放在地板上，瓶底會變得黏黏滑滑的，所以要整理好放在同一個層架上。

清潔劑放進鐵絲籃裡

打掃工具應避免直接放在地上，清潔劑則要放進鐵絲籃裡統一收納。刷子可使用S型掛勾吊在毛巾架上，而防水鞋應吊在牆壁上的掛勾，收納時盡量遠離地面。

沐浴刷、毛巾類

可以掛在不鏽鋼層架橫桿上，也能吊掛起來，收納時盡量保持乾燥。

馬桶水箱上方，也是絕佳收納場所

使用伸縮桿與收納盒，解決小空間收納

廁所很小，所以收納問題也很多，例如沒有地方收納衛生紙等備品。其實關鍵就在水箱上方的空間，**只要裝上伸縮桿，再放上籃子，就能成為很棒的收納場所。**

除此之外，廁所最好隨時打掃，所以打掃工具也要放在廁所內。十分建議大家將收納盒、垃圾筒、刷子等物品，放在方便使用的位置，留意上方的空間，狹小的廁所也能變成方便的收納場所。

• 將收納在廁所的物品進行分類 •

打掃用品

清潔劑或刷子等打掃用品

為了隨時打掃廁所，要準備打掃用具，清潔紙巾或芳香劑等備品也歸類在此收納。

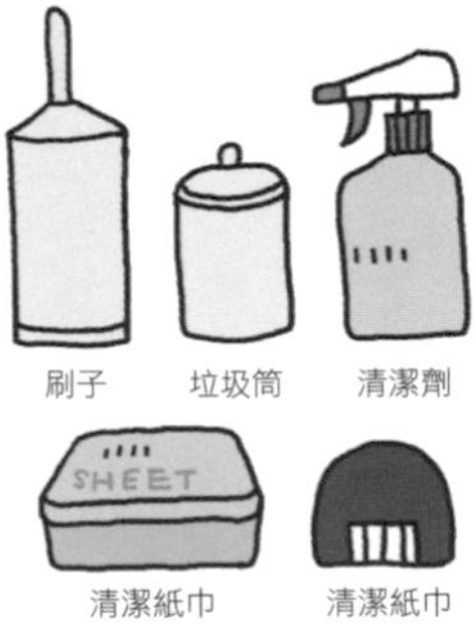

消耗品和備品

衛生紙等消耗品

衛生紙或衛生棉等消耗品一定要有備用品，所以備品也要放在一起，用完後才能馬上補充。

memo

確認消耗品的需求量，別買過頭

大量購買屯積衛生紙或生理用品等消耗品，將廁所塞得太滿，空氣便不容易流通。所以必須先確認家中的需求量，收納時也要注意通風的問題。

•［圖解］規劃馬桶水箱上方的收納空間•

衛生紙備品放在層架上

衛生紙或衛生棉等備品，須固定放在層架上，以方便隨時取用。但是數量太多很佔空間，所以夠用即可。

利用伸縮桿或籃子解決備品收納

利用靠近天花板的空間進行收納，利用伸縮桿就能馬上打造出收納空間，再放上籃子就能將備品收納得整整齊齊。

打掃工具收納在旁邊

打掃工具須統一收納，弄髒時才能隨時打掃乾淨。而且應放在方便使用的位置，再將圾圾筒準備好，就能在廁所內順利完成所有的打掃工作了。

收納 idea

打掃用品放在層架或收納盒中

雖然空間狹小，但是只要利用層架或收納盒，就能不佔空間且輕而易舉將打掃工具收納整齊。

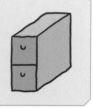

衛浴保持整齊清爽的三大重點

衛浴裡東西種類多且雜，容易顯得凌亂。其實，只要注意「毛巾的折法」和「收納籃」兩大方向，就能讓衛浴看起來整齊清爽。

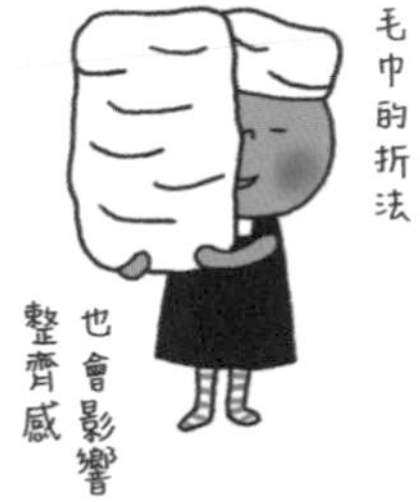

POINT 1 毛巾折法

折法不同，使用起來就會有天壤之別。若能依照使用狀態折好，就可以方便使用。

毛巾環

折三折

毛巾展開後，縱向折成三折，頭尾對折後再對折。

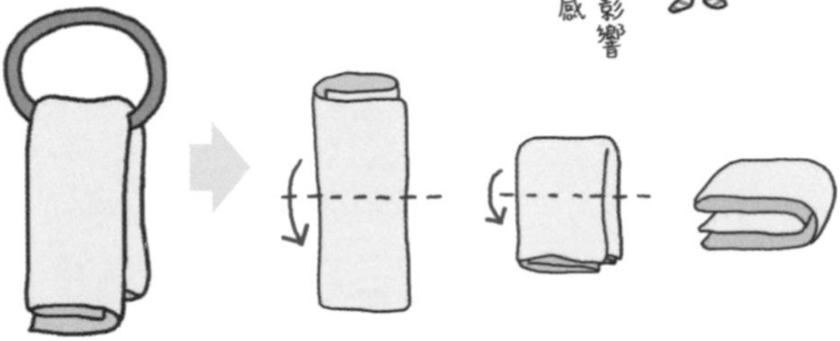

毛巾架（小）

折二折

毛巾展開後，縱向對折，頭尾對折後再對折。

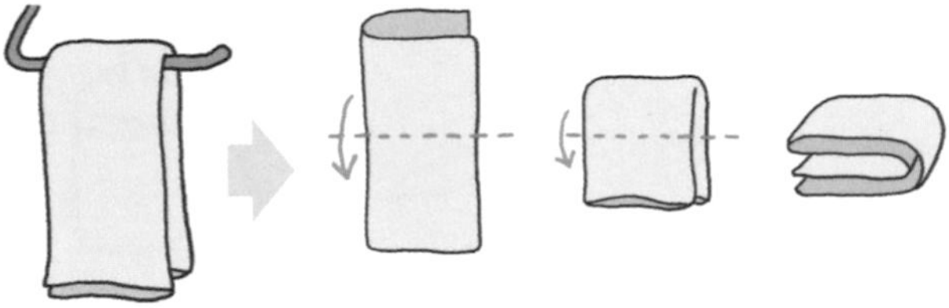

毛巾架（大）

任何折法皆可

毛巾架夠大的話，可以折二折，也可以直接展開掛上，所以任何折法皆可。

memo

疊放時折痕往前方，看起來就會很整齊！

毛巾縱向折好，對折後再對折，疊放時折痕部位朝向前方，看起來就會很整齊！

POINT 2

使用同色系的收納籃

決定衛浴的主色後，再使用同色系的收納籃。將洗衣袋或衣架等瑣碎物品，一起收納在籃子裡，看起來就會很整齊。

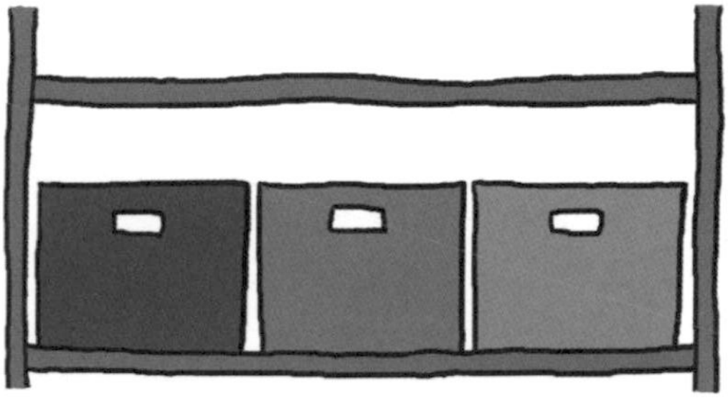

◎決定衛浴的主色後，再統一使用同色系。

POINT 3

善用三十九元商店的商品

三十九元商品的塑膠籃子可以直接清洗，所以最適合放在衛浴裡使用。因為便宜，多買幾個也不怕花太多錢。但要記得先量好層架的尺寸，再選購適合的產品。依照不同用途與品項選擇籃子的種類，例如清潔劑最好使用沒有隔層的盒子，想可收納瑣碎的物品時，則要使用有隔層的籃子較為方便。

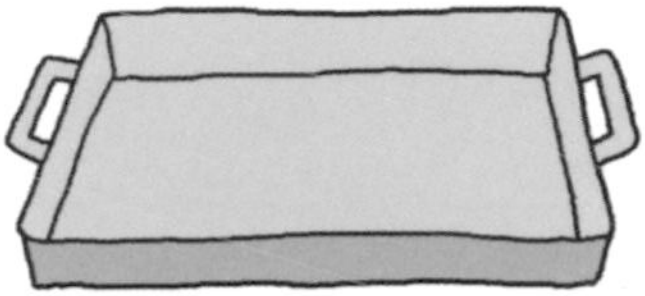

◎層架較低放不進籃子時，建議使用托盤。

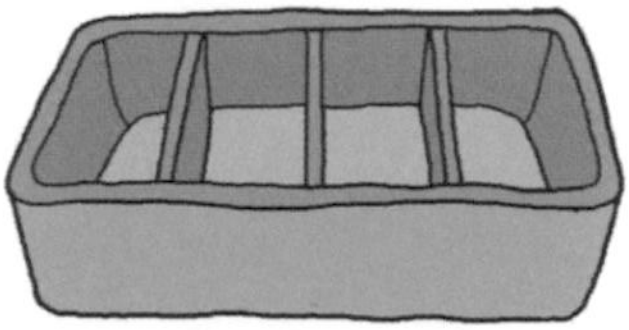

◎有隔層的籃子方便分類與收納保養品、內衣褲、洗衣袋。依照不同用途，妥善運用。

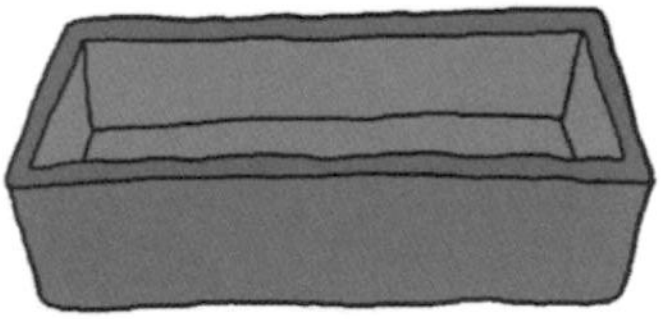

◎雖然清潔劑直接擺著也能使用，但是放進籃子裡看起來比較具有整體感，也會比較整齊，而且還能避免洗衣粉撒在地上。

暮夜子經常在幻想著……
衣服收進屋子後，最好可以自動回到衣櫥裡！
只要先讓衣服記得回家的路，
這裡就是你的家喔～
知道了
就能自動回到自己的家裡去。
好了，都乾囉！
我要回家了
真希望這種發明可以早點實現……
妳還是面對現實吧～
我的另一隻襪子在哪裡？
我的手帕找到了！
實際狀況
所以，不如把常穿的衣服，用衣架掛起來
要全部折好的話，會相當辛苦喔
T恤掛起來很OK！
哈哈～衣服晾乾後，直接掛起來、不用折，還真輕鬆呢♥
推擠
可是……太擠了，好難拿～
不是把全部的衣服都掛起來，塞太多反而不好拿；
挑出常穿的衣服，再掛起來。
剩下來的衣服就折起來
好

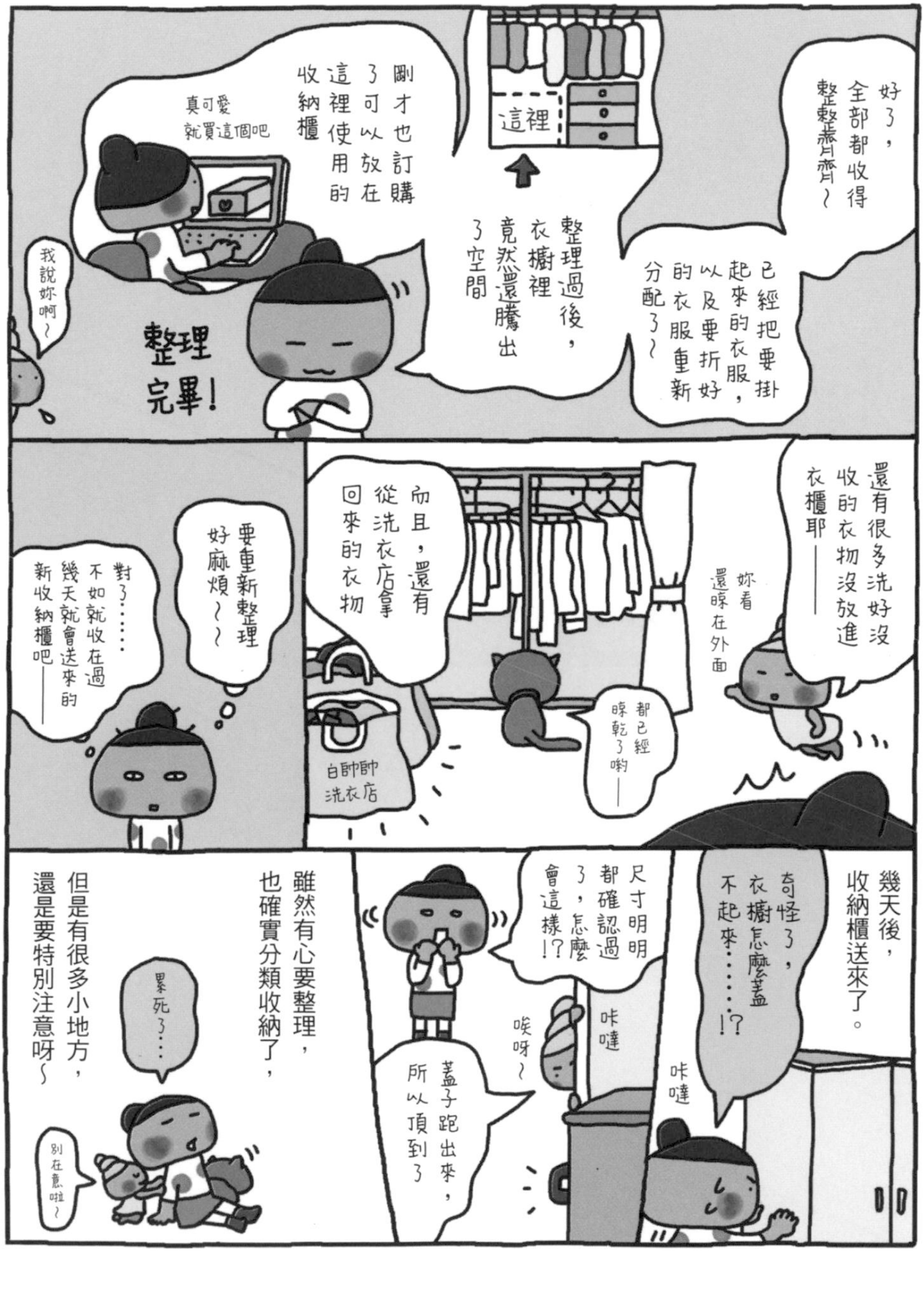
好了，全部都收得整整齊齊～
已經把要掛起來的衣服，以及要折好的衣服重新分配了～
這裡
整理過後，衣櫥裡竟然還騰出了空間
剛才也訂購了可以放在這裡使用的收納櫃
真可愛 就買這個吧
整理完畢！
我說妳啊～
還有很多洗好沒收的衣物沒放進衣櫃耶——
妳看 還晾在外面
都已經晾乾了喲——
而且，還有從洗衣店拿回來的衣物
白帥帥洗衣店
要重新整理好麻煩～～
對了……不如就收在過幾天就會送來的新收納櫃吧——
幾天後，收納櫃送來了。
奇怪了，衣櫥怎麼蓋不起來……!?
咔噠
咔噠
尺寸明明都確認過了，怎麼會這樣!?
唉呀～
蓋子跑出來，所以頂到了
雖然有心要整理，也確實分類收納了，
但是有很多小地方，還是要特別注意呀～
累死了……
別在意啦～

臥室收納 1

臥室中，善用邊櫃收納小東西

衣物依照「穿著頻率」，分成折疊與吊掛收納

提到臥室的收納，最困難的部分應該就屬衣櫥了。衣物收納最基本的重點，就是「**一目了然，取用方便**」，所以就折疊式拉門衣櫥而言，**最方便取用的地方在中間**；滑門式衣櫥則在兩側。抽屜拉開分前後方，前方使用起來較為方便，所以常穿的衣服須收納在前方。

臥室裡有擺設邊櫃時，可用來收納方便使用的小東西，而床底下則適合用來收納過季的寢具用品。

● 衣櫥、床底和邊櫃，如何收納最省空間？ ●

衣

衣櫥

收納衣服或外套的地方，必須分類成平常穿著、外出穿著、季節性服飾等等，搭配衣物的小飾品也要依不同品項收納在一起。

住

邊櫃

將邊櫃擺設在臥室裡，可便於收納衣物和寢具以外的物品，例如型錄、書本、打掃工具、防災用品、殺蟲劑、體溫計等等。

衣

床底下

床底下可收納過季的寢具用品，如睡衣、床單、備用床單、毛巾被等等。

住

梳妝台

梳妝台周圍可參考洗臉台化妝品的收納方式，每天使用的物品應放在容易取用的位置，並且要養成習慣，不可隨便亂放。

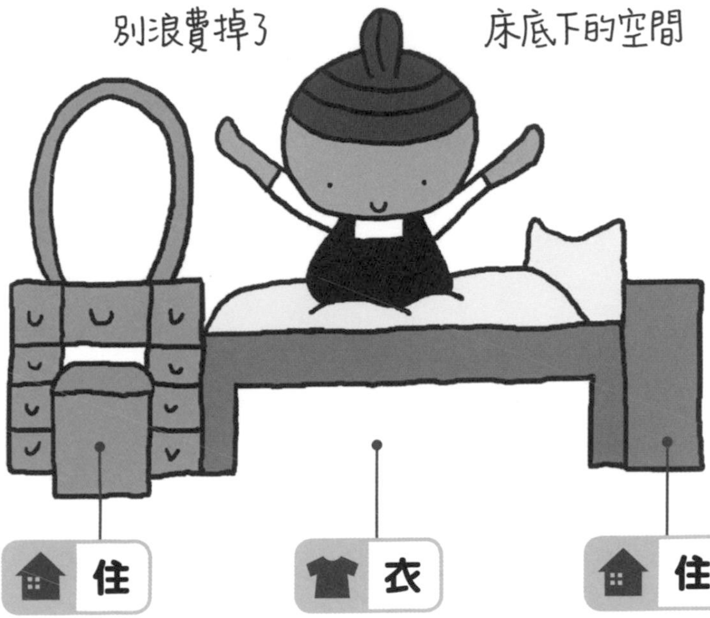

梳妝台

化妝品、首飾等，化妝打扮時必需的物品。

床底下

床單、枕頭套、睡衣，就寢相關用品。

邊櫃

可收納書本或型錄，衣物和寢具以外的物品。

衣櫥

收納衣物、外套，身上穿戴的物品。

臥室收納 2

「吊掛」或「折疊」？依穿著頻率決定

衣服用不同的折法，收納更方便

衣櫥裡所收納的物品，衣物便佔了絕大多數。其實收納衣物的方法，主要只有「吊掛」或「折疊」兩種方式。用衣架吊掛起來比較容易整理，**外出時常穿的衣服，就用吊掛收納在容易取用的位置**；其餘的衣物，則要折疊起來收納。

光靠不同的折疊方式，就能把衣服收納得很整齊，所以大家要學會如何正確地折疊衣物，再收納於衣櫃中。

• 哪些衣物要吊掛？哪些要折起來？ •

用衣架吊掛起來的衣物

容易起皺的衣物、外套、夾克、褲子、裙子等等，比較適合用衣架吊掛起來收納。不過這些衣物就算吊掛起來也很佔空間，後面會介紹這些衣物不同的收納方法，讓收納時更省空間、需要穿著時更方便。

➡先分門別類後，再吊掛起來收納。所謂的分門別類，是指依照功能或用途，有效率地進行分類。可依照不同長度、每個人、季節、顏色等進行分類後，再加以收納。

- 依長度
- 依個人
- 依季節
- 依顏色

不掛起來的衣物，就要折好

折衣服的重點，就是配合抽屜尺寸折疊。只要依照 P114 至 P115 所介紹的步驟進行，就能讓收納變得更有效率。

折疊衣物

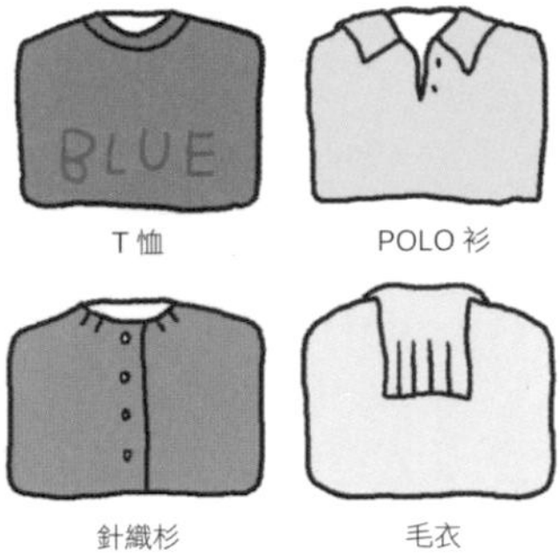

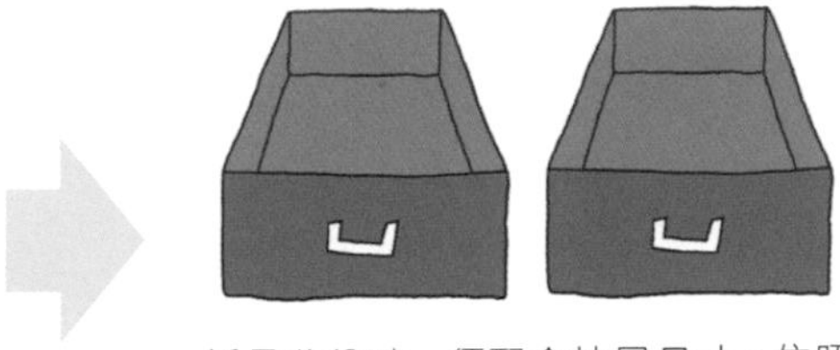

折疊收納時，須配合抽屜尺寸。依照這種方式收納，就很容易拿進拿出，使用起來也會更方便。

依照使用頻率，決定吊掛或折疊

常穿衣服吊掛起來才會方便使用，過季衣物或是少穿的衣物，則應配合抽屜尺寸折疊起來收納。由於空間有限，所以衣服的數量須嚴格挑選。

視衣物特性吊掛或折疊

➡常穿的褲子或上衣，掛起來收納才方便拿出來穿。偶而才穿的白襯衫或裙子，則要折疊起來收納。

memo

夾克或外套也能折起來收納嗎？

很多人以為夾克或外套只能吊掛起來，其實使用頻率低的衣物最好折疊起來收納，才能增加吊掛的空間。相反地，常穿的襯衫類則應吊掛起來收納，才不容易起皺，也能節省熨燙時間。另外 T 恤等衣服洗好晾乾後，也能直接連同衣架吊掛起來收納，以節省折疊的時間。

• 掛起來的衣服，如何分類？ •

1 依照不同長度分類

衣服吊掛起來後，長度相同的衣服要放在一起，下方才能騰出空間來有效運用。所以須依照褲子、襯衫等不同品項進行分類。

2 依照使用頻率分類

依照使用頻率分類，例如「常穿的衣物」、「不常穿的衣物」。

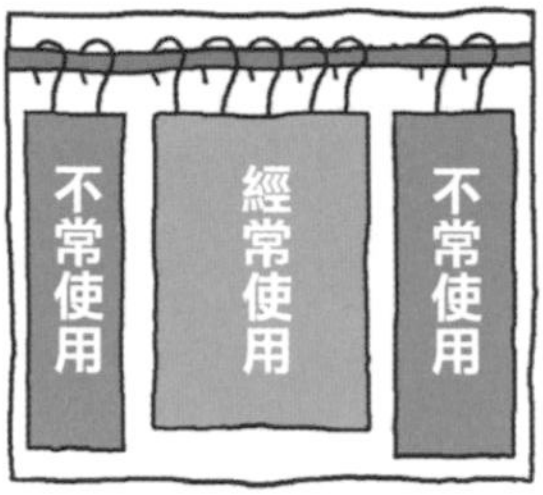

3 依照不同季節分類

須區分成「夏季衣物」、「冬季衣物」，而過季衣物則收納在後方。

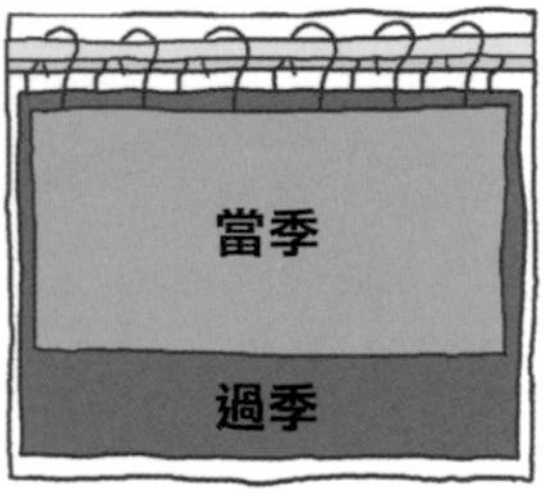

4 依照不同顏色分類

依照「深色系」、「淺色系」、「暗色系」、「亮色系」等不同顏色分類，搭配衣服時就能一目了然。

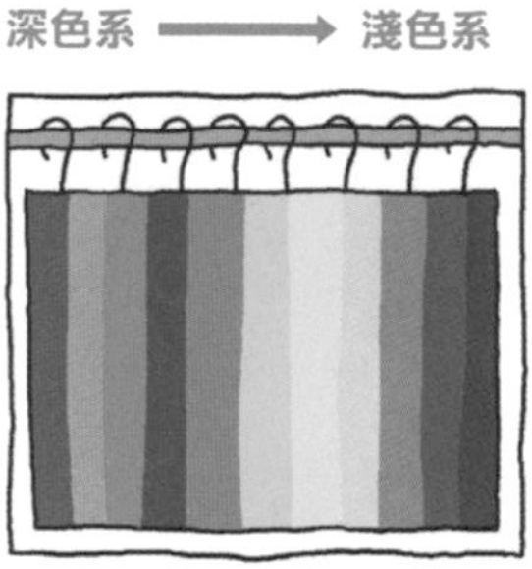

5 依照穿著的人分類

依照家庭成員分類，例如「先生的衣物」、「太太的衣物」，再來規劃收納的空間。

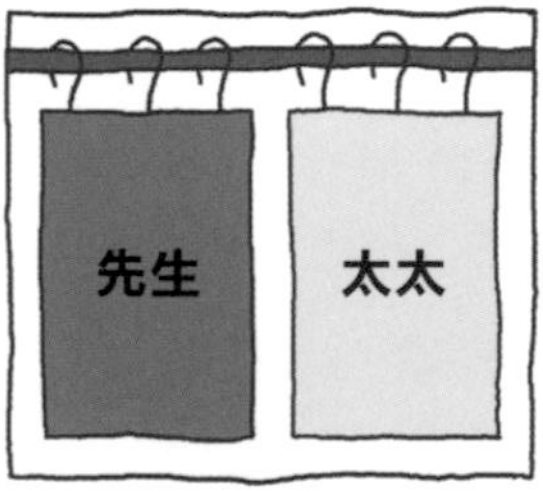

• 掛衣服時，如何增加收納量？ •

巧妙運用連結式衣架、S 型掛勾和繩子

大量收納技巧

衣物掛在衣架後便直接掛起來的話，不但佔空間，而且收納量還會受到壓縮。其實只要善用連結式衣架、S 型掛勾、繩子等工具，就能讓收納量大增。

❶ 使用連結式衣架

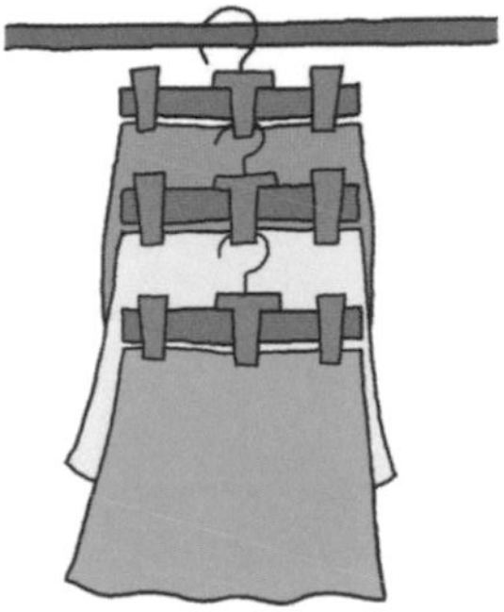

➡使用附有掛勾或夾子的連結式衣架，就能有效運用縱向的空間。

❷ 使用 S 型掛勾

➡利用市售的 S 型掛勾錯開衣架的位置，就能節省許多空間。

❸ 使用繩子

➡利用粗一點的綿繩打結成圓圈狀，再將衣架掛在上頭，就能吊掛收納三～四層的衣服。

memo

想大量收納並兼顧容易取出穿著

將衣架位置錯開收納的方法，唯一的缺點就是不容易取出。其實只要將此方法用來收納過季衣物，並掛在衣櫥兩側，收納的位置就不會礙手礙腳了。

• 不同的衣服，要用不同的折疊技巧 •

把衣櫥收納最大化的折疊方式

配合收納櫃寬度折疊整齊

想將大量衣物放進收納櫃時，重點就是配合抽屜寬度折疊衣物，但折疊時須避免會弄皺衣物，快來學學讓衣物能平整收納的折法。

襯衫：配合抽屜的寬度和深度

1

配合抽屜寬度，將袖子往後方折疊。

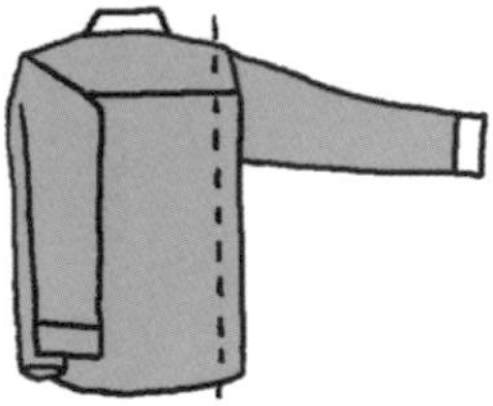

2

配合抽屜深度，將下擺折起來後再調整一下。

3

對折。

收納方式

襯衫折好後，衣領部位須交錯疊放，使前後方高度保持一致，才能增加收納空間。

[夾克]：沿背後縫線，縱向對折

➡解開扣子，沿著後背中央縫線，往後縱向對折。袖子則沿著內側縫線折疊。

[外套]：將毛巾夾在肩膀處，避免變形

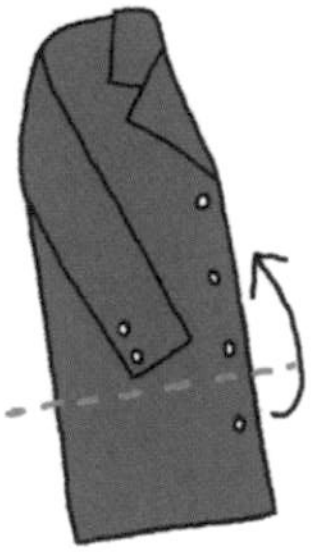

➡為了避免側面出現皺痕，須沿著縫線折疊。另外針對肩膀容易變形的部分，則要拿毛巾夾在中間。最後再從袖口前端折起來，收納在大型收納櫃中。

收納方式

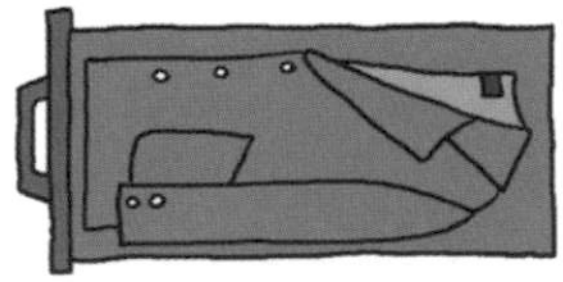

將夾克或外套這類較大件的外出服折好後，平放在大型收納櫃中收納整齊。

[裙子]：沿著縫線，減少折疊次數

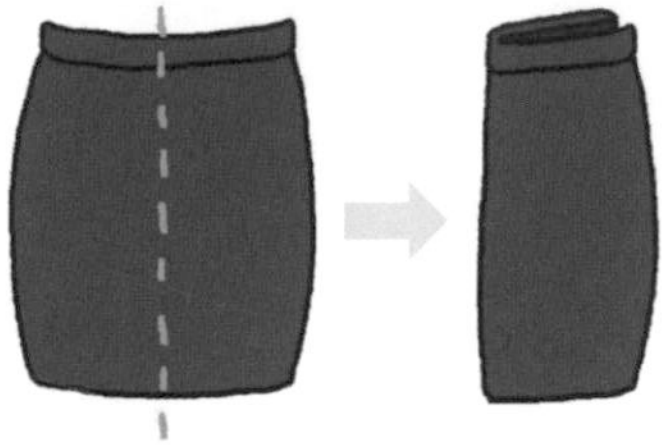

➡沿著縫線折疊，折疊次數應愈少愈好。

[長裙]：將毛巾夾在中間防皺

➡折疊時先將毛巾或T恤捲起來夾在中間，以避免起皺。

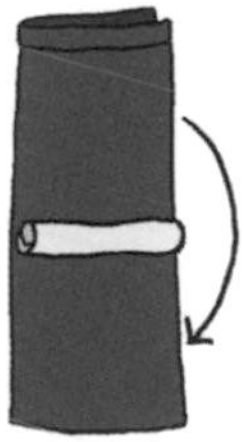

[T恤]：背面朝上，折成四方形

1

將衣服背面朝上，配合抽屜寬度將兩邊袖子往內折。

2

折成四角形，再配合抽屜深度折成二折或三折。

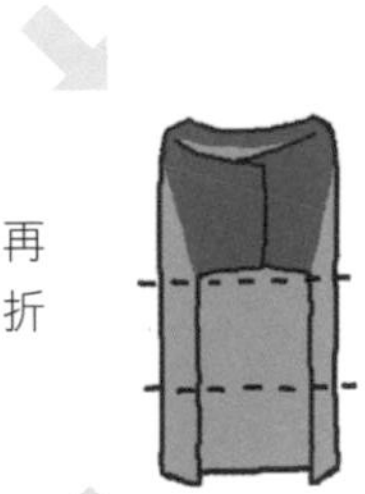

[毛衣]：背面朝上，配合抽屜大小折疊

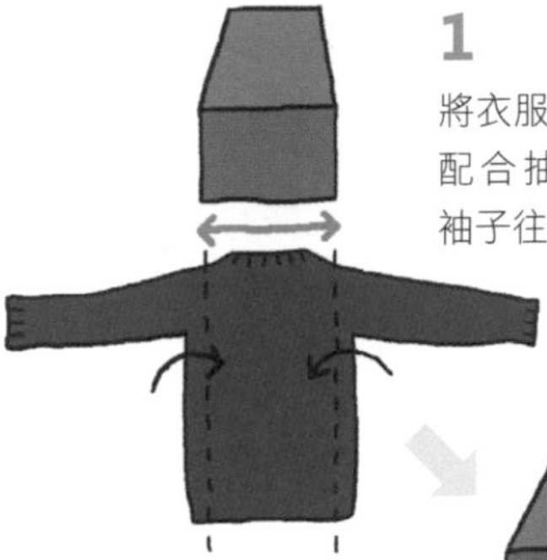

1

將衣服背面朝上，配合抽屜寬度將袖子往內折。

2

折成四角形，再將衣擺折起來，每一折的寬度要等於抽屜的深度。

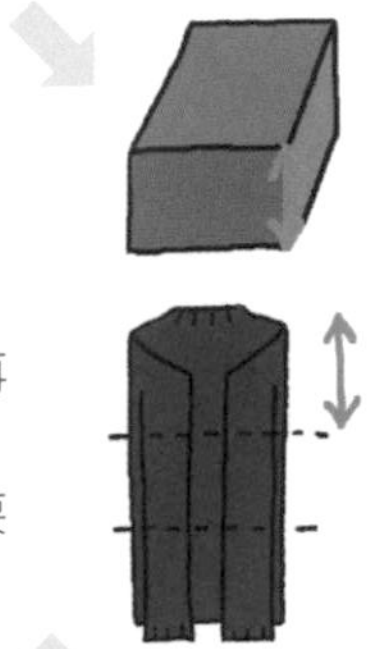

3

三等分折起。

memo

將衣服直立收納，並用書架分類擺放

將衣服直立收進抽屜裡，就能增加收納量。折衣服時配合抽屜大小，再將抽屜立起來，由下往上疊放，使衣服往下壓，就能收納大量衣物，但須注意千萬不能塞得太滿。另外，也能利用書架夾在中間，將衣服分類擺放，使用起來會更加方便！

六個分類技巧，不怕衣櫃不夠用

衣櫥收納可分成吊掛與折疊兩種方式，但是若想更有效率地進行收納，只要依照用途進行分類，不僅使用方便，收納空間也變多了。

依照用途分類

建議大家把衣物依照不同用途進行分類，需要穿著時會更加方便。分成家居服、外出服、貼身衣褲、婚喪喜慶用禮服、配件、包包類，將同類衣物收納在一起。

1 家居服

穿著頻率較高的家居服要統一收納，但數量太多時得加以整理。

2 外出服

外出服要收在一起，再從其中分類出穿著頻率高的衣物。

3 貼身衣物

貼身衣物可區分成「內衣褲」與「襪子、絲襪」，再分類成使用中與備品。

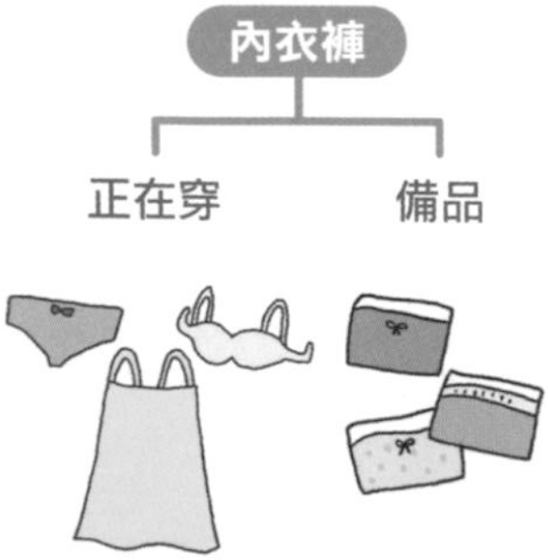

正在穿的衣物與備品要區分，而且數量夠用即可，再依照不同品項進行分類。

正在穿的衣物與備品要區分，而且數量夠用即可，再依季節與用途進行分類。

4 特殊場合的正式服裝

婚禮、喪禮、宴會等場合穿著的衣服，須統一收納在一處。另外也能使用衣服防塵套，加以小心保存。

5 配件類

皮帶、領帶、圍巾、飾品等配件須放在一起，收納時以好拿為重點。

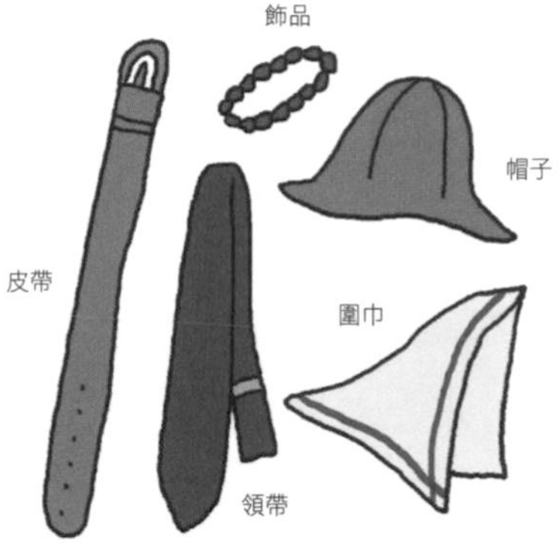

6 各式包包和行李箱類

上層收納旅行箱、婚喪喜慶用包包、宴會包等不常使用的物品。下層則放平日出門會使用的手提包、背包。

旅行和特別場合

上層收納旅行箱、婚喪喜慶用包包、宴會包等不常使用的物品。

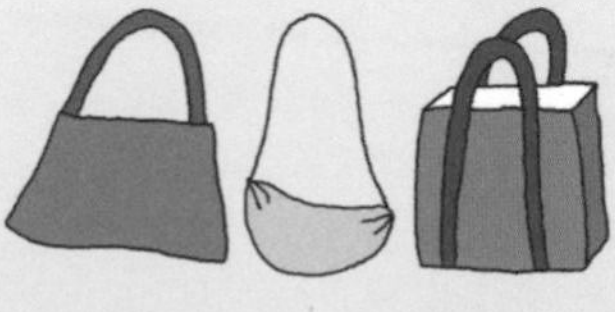

日常使用

下層收納平日經常使用的包包類，而且收納時須一目了然，方便取用。

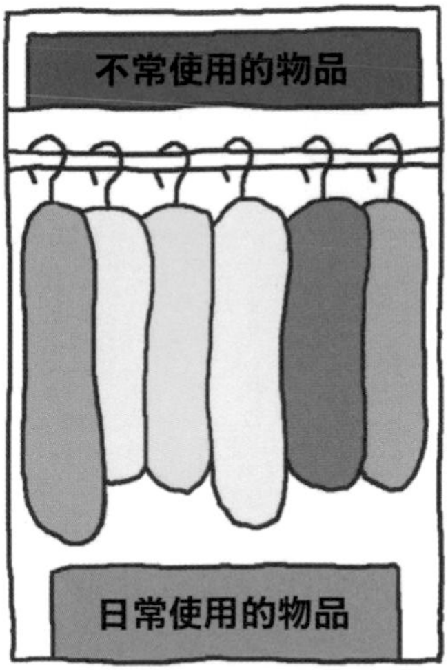

[圖解]衣櫥中放置衣物、提包和飾品的固定位置

收納 idea 1

用衣架吊掛起來的衣物

將毛巾架穩穩地固定在衣櫥的上方層架，就能當作暫時吊掛衣物的最佳場所。另外裙子或褲子等衣物噴上去皺噴劑或芳香劑後，也能暫時掛在這裡。而且最好吊掛一晚等汗水乾掉後，再掛回衣櫃的原位。

貼身衣物與家居服放抽屜

貼身衣物與 T 恤須放在抽屜裡，以方便取用。再依照不同用途、穿著者、不同顏色等分類放在不同抽屜裡。

收納 idea 2

收納櫃統一規格，方便整理換季衣物

使用相同款式的抽屜或收納櫃，就能輕鬆整理換季衣物。因為只須將抽屜調換一下即可，十分省事。建議大家還能善用衣櫥深度，將附有滑輪的衣櫃放在前後使用。

常用的包包放在方便好拿的地方

常拿出來使用的幾個包包，要放在好拿的固定位置，也可以直立收納在大型收納盒中。

外出服也能折疊收納

外出時要穿、且穿著頻率不高的上衣，可參考 P114 ～ 115 的作法，折疊起來收納。

包包或季節性用品，放在上層

婚喪喜慶用的包包與旅行箱使用頻率低，所以須收納在上層。建議大家，想避免變型的話，最好仔細包好後再放進箱子裡。

收納 idea 3

在吊衣桿上作明顯記號

將衣物分類時，可使用夾子或緞帶在吊衣桿上作記號，這樣就能清楚看出收納位置，以方便取用。

婚喪喜慶等特別場合用衣物，放在最旁邊

收納時固定吊掛在最旁邊的位置，以方便隨時取用，配件類也可收納在附近的位置。

收納 idea 4

利用網架收納配件類

將黏貼式掛勾黏在衣櫥側面後再掛上網架，就能用來收納配件。也能利用S型掛勾收納皮帶、帽子、布製手提包包等物品。

暫放只穿一次的上衣

只穿過一次、還很乾淨的上衣，不妨準備一個暫時放置的收納籃。

收納 idea 5

相同長度的衣物吊掛在一起

吊掛式收納的重點，就是將長度相同的衣物掛在一起。先依照褲子或襯衫等不同品項收納在一起，再由短至長整理成一區，看起來不但整齊，也不會浪費空間。

邊桌、床底下，收納便利的小工具

小用具和過季的寢具，全部收納在這裡

邊櫃的收納重點，**就是將在臥室使用會很方便的小工具收納在抽屜裡**。舉例來說，早上起床發現有點發燒時，就需要用到體溫計，但是放在客廳的話，還要走出去拿；黏除毛髮與去除灰塵用的膠黏滾筒，在臥室內最常用到，或是意外發生時必需的防災用品等等。

「有了會更方便」的物品統一收納在邊桌，另外床底下的空間常被忽略，過季的寢具用品就非常適合收在這裡。

• 將收納在邊櫃、床底下的物品進行分類 •

小型打掃工具

毛髮或灰塵等些微髒汙，可用除塵膠黏滾筒清理乾淨。

保健用品

感覺身體不舒服時，體溫計最好能放在隨手可得之處。

過季寢具用品

床底下有空間時，最適合用來收納過季的寢具用品。

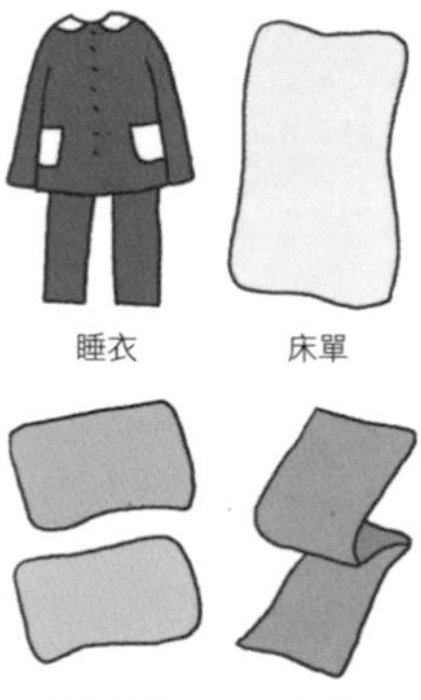

防災用品

地震發生時的防災用品也可收納在一起。

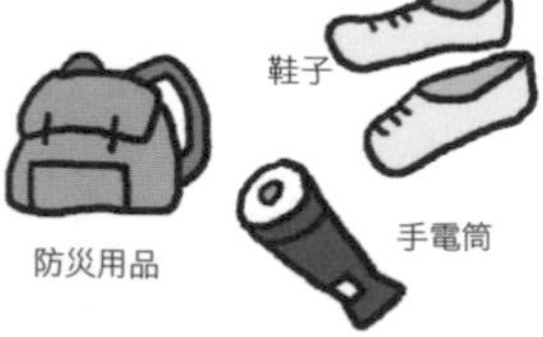

防蟲、止癢藥

想要一夜好眠時，千萬別忘了準備防蟲用品。

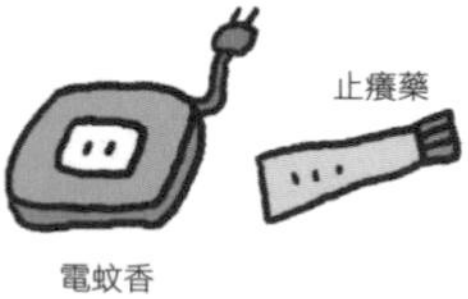

邊櫃裡的小工具，怎麼擺？

方便的小工具與防災用品，收納在邊櫃抽屜

小型打掃工具、保健用品、防災用品、殺蟲劑等等，都是放在臥室「使用起來會更加方便」的物品，最好就近收在寢室的邊櫃中方便使用。

床底下的空間，如何運用？

使用附有滑輪的盒子或抽屜式收納盒

收納過季寢具用品，首重通風。使用附有滑輪的盒子不僅可移動，還能在地面與滑輪間保留縫隙，幫助空氣流通。

書房空間有限，應隨時控制物品數量

物品種類多，容易顯得亂

仔細想想看，書房裡需要哪些物品？接下來，再將必備品準備妥當，並依照不同用途和使用頻率進行分類，並要定期檢查，隨時將不需要的物品處理掉。

此外，**電腦周邊的空間有限**，而且有些書櫃的收納位置很高，常用的物品必須放在伸手可及之處。再加上空間有限，**應盡量控制物品的數量**，才能有效率地進行收納。

書櫃和電腦旁，應該放些什麼？

住

書櫃

書櫃除了收納書本外，還會放些文件或雜誌。建議大家不妨以目前使用的物品和季節性物品為關鍵字進行分類。

住

電腦四周

工作用的資料、軟體、光碟片、線材、備用品、保證書，須統一收納在電腦旁，常用的物品，則要放在桌上隨手可得的地方。

住

書櫃

書本、字典、雜誌

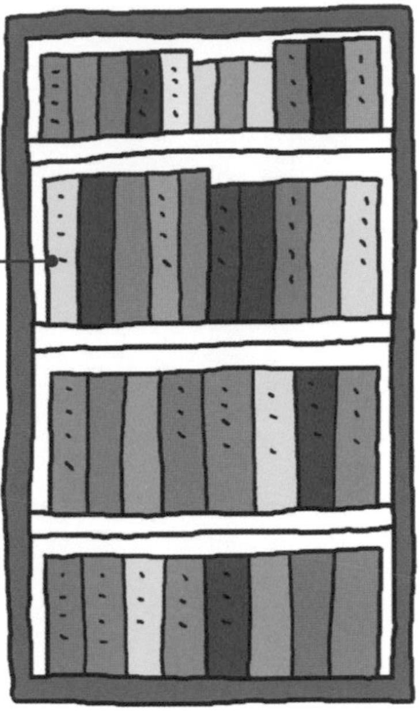

住 **電腦周邊**

常用的文件或文具

常用物品，要放在伸手可及之處

最常用且必備的物品，收納在方便取用的地方

想想看，你平常在使用電腦時，經常會用到的相關資料、軟體、光碟片和保證書等物品，放在哪裡最方便取用呢？

常用的資料與使用說明書等物品的收納位置，必須坐在椅子上也能拿得到。另外容易搞丟的保證書，則要統一收納在**文件收納夾**中，光碟片與軟體則要**直立收納**在抽屜裡。**再利用層架收納線材或影印紙等備用品與最佔空間的列表機**，這樣就能達到節省空間的目標了。

• 電腦桌附近的物品，可分成以下五種 •

經常使用的資料

嚴格挑選使用電腦時的常用資料與說明書，彙整於一處。

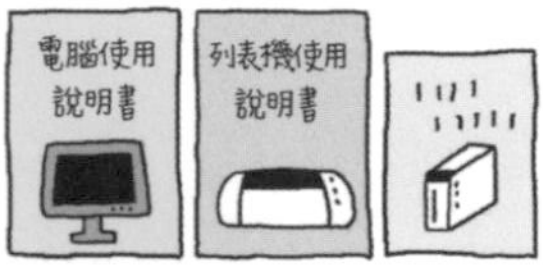

使用說明書　書本

軟體或光碟片

CD 或 DVD 等軟體與光碟片，須依照使用頻率、不同用途加以分類，並統一收納。

DVD　CD

保證書

臨時需要用到的保證書須統一收納，避免遺失。

保證書　說明書

線材

容易亂成一團的線材或電線。

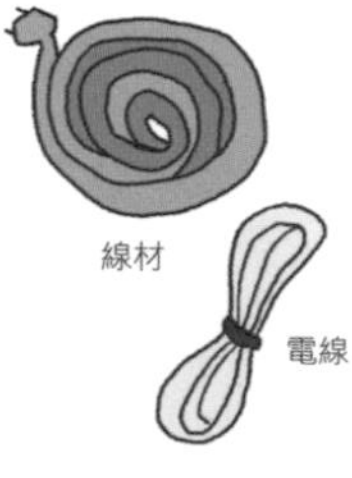

線材　電線

備用品

使用電腦時不可或缺的備用品，例如影印紙或墨水。

墨水　影印紙

•［圖解］電腦四周的物品，如何收納？•

利用托盤或籃子收納備用品

影印紙或墨水等備用品，可利用托盤或籃子整理，收納時要讓物品數量一目了然，才能掌握庫存。

資料統一收納在層架中

工作用資料、電腦與列表機的使用說明書等物品的擺放位置，必須坐在椅子上也能馬上拿得到。

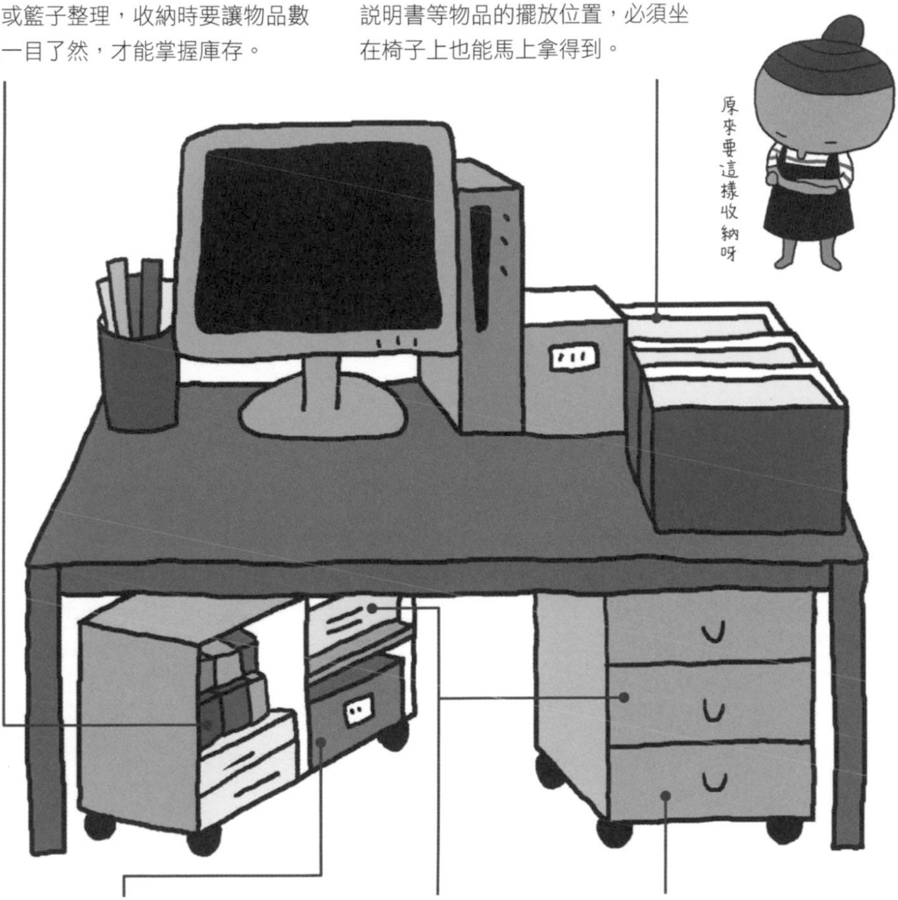

線材採看不見的收納，統一收納在盒子裡

容易亂成一團的線材或金屬零件，須採用看不見的收納方式，放在盒子裡收納整齊。因為容易纏在一起，所以收納時須有隔層，以方便使用。

保證書放入文件盒

保證書或說明書很容易一下子就搞丟，所以須統一放在文件收納盒中，而且要露出書背，才能一目了然。

軟體與光碟片放抽屜裡，加上隔層後直立收納

CD 或 DVD 等軟體與光碟片收納在抽屜裡，並加上隔層後立起來收納。收納時也要能夠一目了然、方便拿取。

書房收納 3

書櫃兩大分類：常看與不要的書

依照「書本內容」分類

各式各樣的書本若是沒有按照一定規則分類的話，不但雜亂，而且也會找不到想看的書。想擁有整齊又取用方便的書櫃，就得從檢視現有書本開始做起。

將「常看的書」與「不要的書」區分開來，再將不要的書處理掉。例如字典或個人愛看的書，**像這類常看的書可收納在容易拿取的位置**。其他書本或充滿紀念性的書本，可以放在較高的位置保存。

• 雜誌、文件、書籍，該如何分類？ •

現在常會閱讀的書籍

檢視現有的書籍，再依照使用頻率進行分類。首先分出個人愛看的書本或雜誌，以及常用的字典等等，把目前正在看的書本收納在一起。

季節性物品和裝飾用的書籍

很少機會閱讀、季節性書本、想收藏的書本、裝飾用的書本等等，皆可收納在一起。

捨不得丟、想保留下來的書籍

雖然幾乎不看了，但是捨不得丟，或是充滿感觸的書本，都可以從書櫃移至儲藏室收納。

●[圖解]規劃書本收納在書櫃的固定位置●

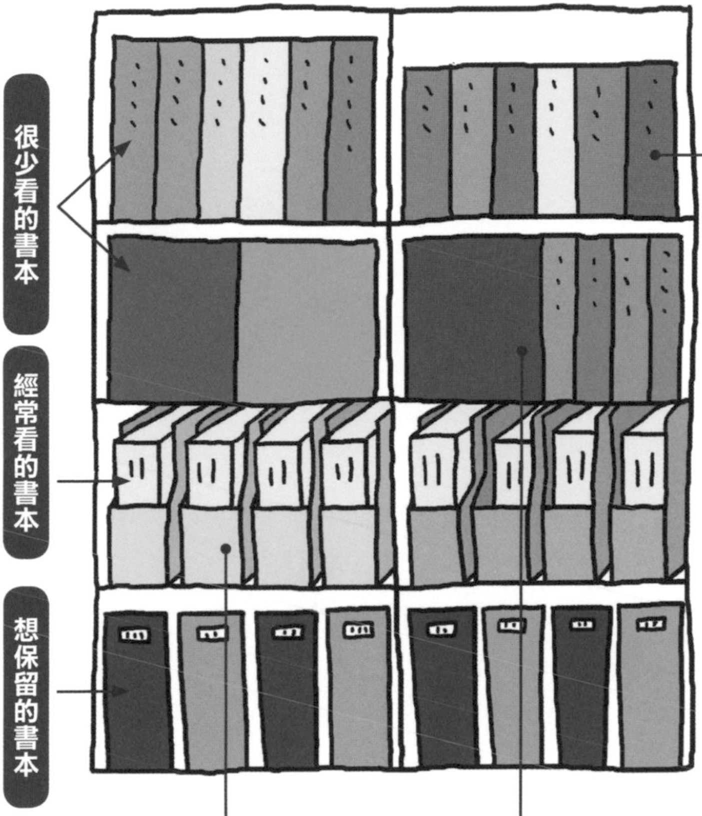

由高至低擺放

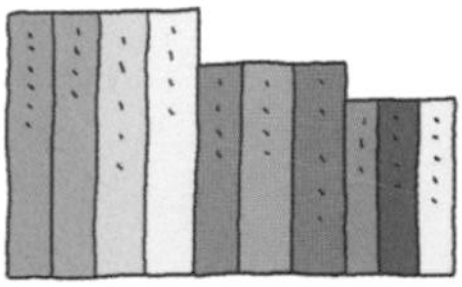

裝飾用的書本、使用頻率低的書本，須由高至低擺放，收納在上層。

使用抽屜式收納

➡新的物品從左邊放進去後，舊的物品就會往右邊移動。

將文件或型錄由新至舊依序排列，並維持固定的數量。所以增加一本新文件後，就得將一本舊文件處理掉，徹底執行淘汰標準，維持固定數量。

依照書本類型分類收納

衣

流行時尚和服飾設計

住

歷史、知識、住宅、寵物

食

料理、食譜、餐飲

依照類型，將食、衣、住等相同類別的書本收納在一起。接著再依照不同層架規劃收納位置，以方便閱讀。

小朋友的書房，該如何收得清爽整齊？

兒童房裡很容易堆放雜七雜八的讀書用品與玩具，所以收納時得注意，除了好玩之外，還要兼顧是否能專心讀書。

POINT 1

區分「讀書區」與「遊戲區」

書桌周邊的玩具與讀書用品總是很容易混在一起，所以收納時的重點，就是將「讀書區」與「遊戲區」明確區分開來。依照不同目的區分出空間後，就能明確地將物品放在固定的位置上。

POINT 2

讀書區：讀書用品收納在方便使用的位置

教科書、習作和筆記本，須放在視線等高的位置

常用的教科書或筆記本，須放在方便取用並與視線等高的位置。

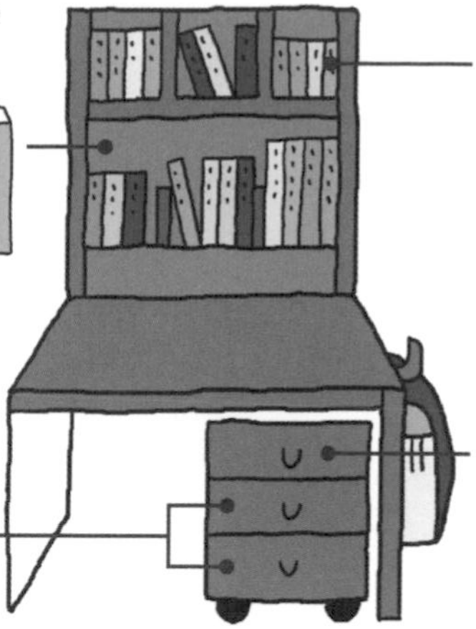

參考書放在伸手可處

要在書桌上打開來看的參考書，須放在伸手可及的位置，才能方便使用。

文具放最上層

文具放在最上層的抽屜，再依照裁剪、黏貼、書寫、測量等功能分類後再行收納。

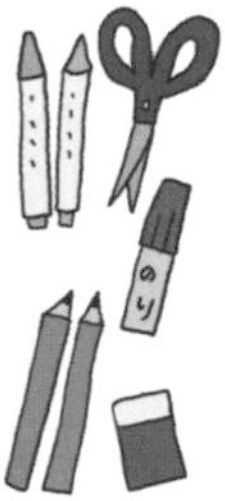

第二、三層收納色紙或用過的教科書

第二層可收納色紙等個人嗜好的物品，第三層再利用書架將教科書、筆記本直立收納。

POINT 3

遊戲區：須分類雜物、玩具、休閒讀物

體積小的娃娃收在 A4 文件盒

A4 文件收納盒可以讓軟綿綿的娃娃收納起來整齊有序，應放在最上層。

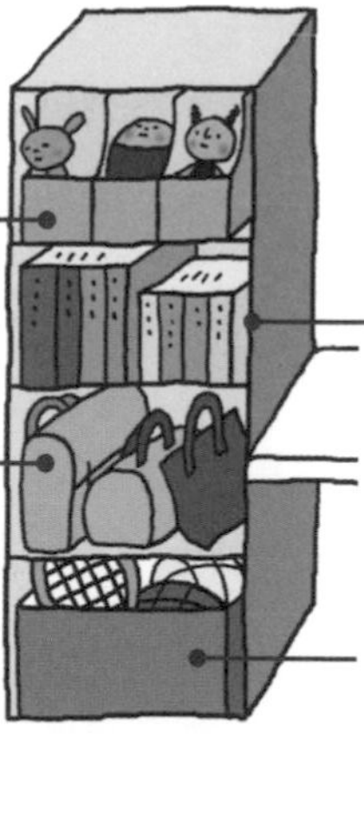

收納休閒讀物

常看的漫畫或小説等休閒讀物，須收在容易拿得到的高度。

寫字或畫圖用具

寫字用品或畫圖用具，須連同包包一起收納。

運動用品須放在大收納盒裡

整理之後一起放在大收納盒裡，固定位置收納。

孩子的玩具和休閒用品，依大小分類

玩具箱最不方便的地方，就是不知道什麼東西放在哪裡。只要依照「大小」與「所有人」進行分類，就能收納得很整齊，還能讓小朋友養成收納的好習慣。

POINT

收進玩具箱時，須依照大小與使用者分類

容易亂成一堆的玩具，須分類成大、中、小後再收納。或是清楚知道玩具的主人是哪一個人的，就能依照使用者進行分類與收納。

依照大小分類

將玩具依體積分類成大、中、小後，再收納於不同的玩具箱中。而且小玩具可放進網袋中收納，這樣比較容易看得出內容物為何，使用起來更加方便。

依照使用者分類

清楚知道玩具主人是誰，例如姐姐的玩具或是弟弟的玩具，就能配合當事人的身高，收納在不同箱子裡。

收納 idea 1

利用抽屜式收納盒當作玩具箱

直接將抽屜式收納盒當作玩具箱使用，就能將整個抽屜拿到想玩的地方，而收納時只須將抽屜歸位即可，整理起來十分簡單。

收納 idea 2

利用紙箱與三十九圓商店的籃子製作萬用箱

利用堅固耐用的紙箱，製作「萬用箱」。將開口部分折進內側固定好，周圍再貼上布料裝飾，最後將百圓商店賣的籃子放進中間便完成了。

鄰居貝琪子小姐，離家出走了。
這幾天……
我可以住在妳家嗎……
陰沈
先進來喝杯茶再說吧！
我記得冰箱應該還有蛋糕
急急忙忙
麻煩你們了
到底發生什麼事？
……
就是壁櫥頂層……
壁……壁櫥頂層？
?
今天，我在整理壁櫥頂層的時候，突然發現——
奇怪了？有個沒見過的箱子……
我怎麼不記得有這個東西？
這是!!
啊啊啊

原來是貝琪子小姐的先生留下以前的回憶紀念品。
交換日記
莉佳合影
老公結婚前
前女友
他居然還留著！
把和與我有關的東西留下來，不就已經足夠了嗎!?
嗚嗚嗚
妳說的沒錯，真的很不應該
叮咚——
來了來了
不好意思，請問我太太有沒有在你們家？
對不起啦～我已經把前女友的東西全部丟掉了
一起回家吧
嗯……
還好你來了
壁櫥頂層…
我們家也來整理一下吧
不知道會挖出什麼東西來？
欸欸
等一下～！
藏在深處、充滿回憶的物品，
有時候也應該拿出來整理一下。
找到了……
我的青春回憶

和室收納，依高低前後分區域

善用「高度」與「縱深」，有效運用大型空間

或許你的家中並沒有和室房間，而和室收納是教你如何運用又大又深的壁櫥空間，若家裡有類似的儲藏空間，也很值得參考。

壁櫥區可分成「上下」、「左右」、「前後」等八個空間，另外再劃分出「前方」與「後方」兩個區塊。後方收納少用的物品，前方則收納使用中的物品或使用頻繁的物品，基本上，**收納時的原則是「一目了然、取用方便」**。

• 哪些物品可放在又大又深的壁櫥裡？ •

住

頂層

收納很少用的物品，如節慶用品或整理時暫放物品的「猶豫箱」。

衣 住

上層

上層取用較為方便，可收納常用的棉被、衣物，以及日用品。

衣 住

前方

前方可收納常用的物品，例如日常衣物、被套、縫紉機、熨斗等家電用品。

衣 住

後方

後方可收納過季寢具、家電用品、紀念品等等。

衣 住

下層

下層可收納大型物品、較重的物品、經常使用的物品、家居服、家電用品。

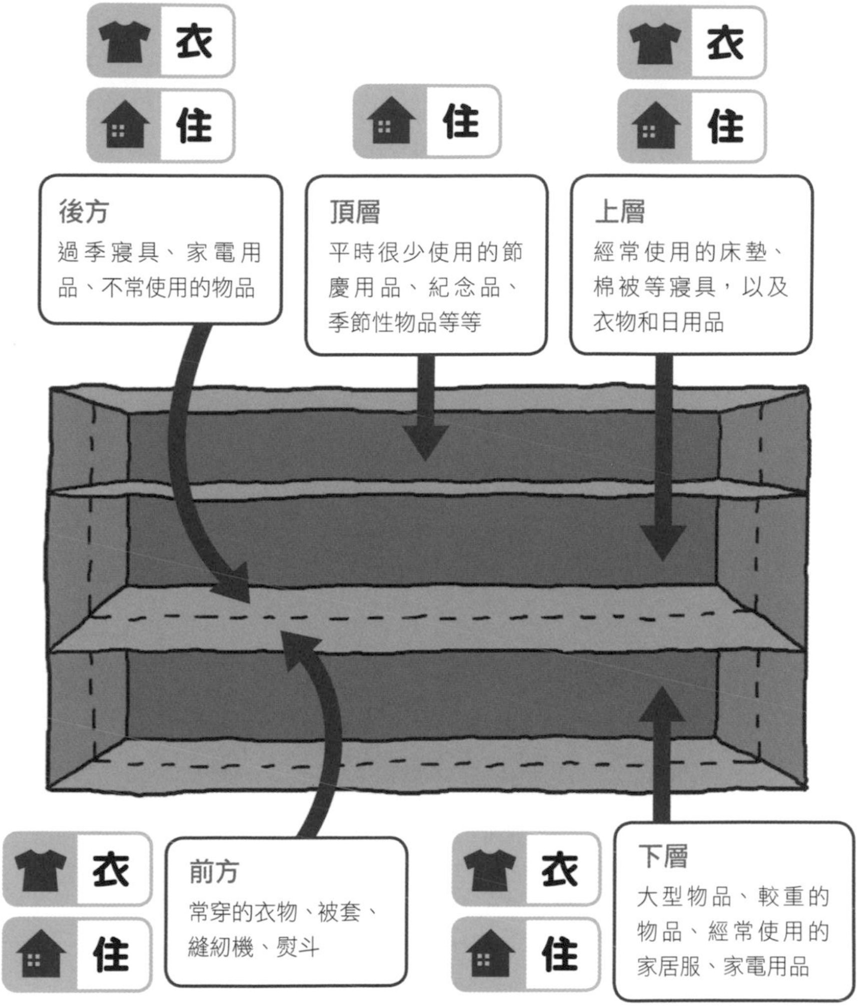

大型、較重的物品、經常使用的家居服、家電用品

放在左右側的話，只要將拉門稍微拉開一點就能馬上取用，也是最方便使用的區域，所以常用的物品都可收納在這裡。

和室收納 2

妥善運用「層架」與「抽屜」收納

靈活運用壁櫥的高度與縱深

壁櫥空間很大，所以最重要的就是靈活運用「高度」與「縱深」。**高度較高的部分應增加「層架」，而縱深較深的部分則須好好運用「抽屜」**，才能將空間物盡其用。

選擇適合的收納產品，例如抽屜式收納盒，或是附滑輪的層架等等。每天拿進拿出的物品則可收納在上層，以方便取用。

• 將收納在壁櫥上層的物品進行分類 •

被單、枕頭套

舉凡床單或被套等物品，須統一收納在抽屜式收納盒中，收納時也要區分成日常使用以及客用。

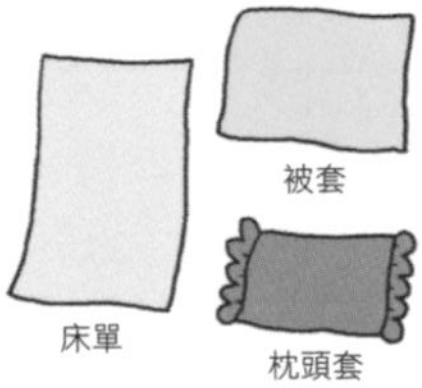

睡衣、睡袍

抽屜式收納盒可用來收納睡衣或衣物。而且衣物須配合抽屜的寬度折疊整齊。

寢具、棉被類

棉被可收納在方便拿進拿出的地方，避免造成腰部負擔。

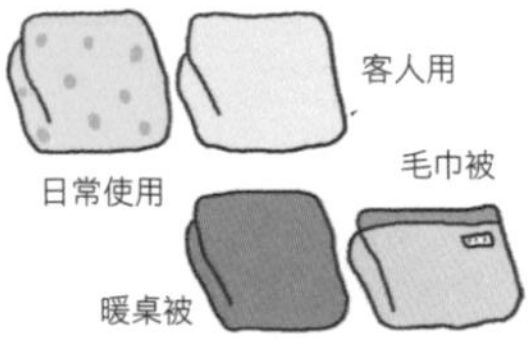

常用的熨斗、縫紉機

熨斗、縫紉機、裁縫用品都是常用的物品。而且有些物品的重量稍重，所以應放在方便取用的地方。

日用品

工具類、急救箱、包包和打掃用品，須統一放置在同一個區域。

•［圖解］壁櫥上層物品收納的位置•

較常用的日用品，收納在盒子裡

工具、急救箱、包包等較常使用的日用品和打掃用品，都可收納在這裡。

每天使用的寢具放上層

站著時伸手可及的上層，須固定用來收納寢具用品，以方便每天使用的寢具拿進拿出。

收納 idea 1

後方收納不常用的物品

日用品雜貨的備品，以及過季衣物等很少拿進拿出的物品，都可收納在後方。

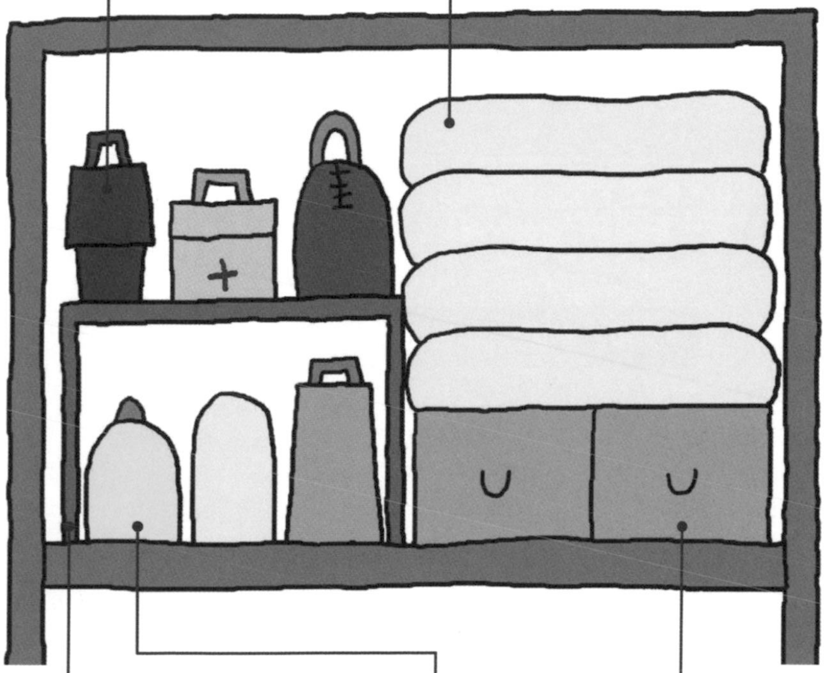

收納 idea 2

較高的收納空間，可增設層架

針對有高度的空間須善用層架，才能避免出現死角，增加收納量。而且只須利用幾塊板子組成的簡單層架即可。

常用的用具，放在上層的前方

熨斗、縫紉機、裁縫用品等，可收納在上層前方，以便拿進拿出。

抽屜式收納盒放棉被下

將抽屜式收納盒放在寢具用品下方，方便收納一系列的床單或枕頭套。

較重、大型的物品，收在下層

下層收納：過季物品、備品和家電用品

壁櫥下層有別於上層，最適合用來收納過季物品、備品、家電用品，也適合用來收納較重的物品或大型物品。此外，將物品收納在有縱深的空間時，最重要的鐵則是：**使用頻率高的物品擺前方，使用頻率低的物品放後方**。

收納家電用品時只要遵守這個原則，換季時將物品前後對調即可；很少拿出來看的相簿等物品，則放進紙箱裡，收納在後方。

• 將收納在壁櫥下層的物品進行分類 •

家居服、日用品

家人的家居服或毛巾類，須統一收納在抽屜裡。

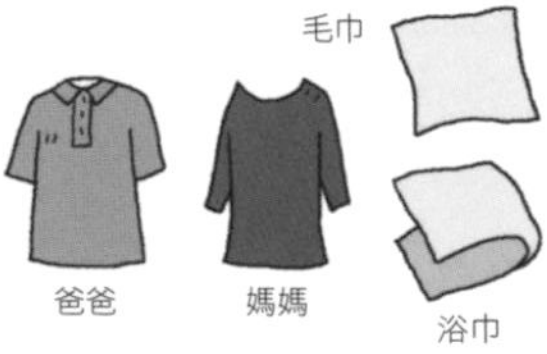

布料織品

坐墊套或壁毯等布料織品須統一收納。

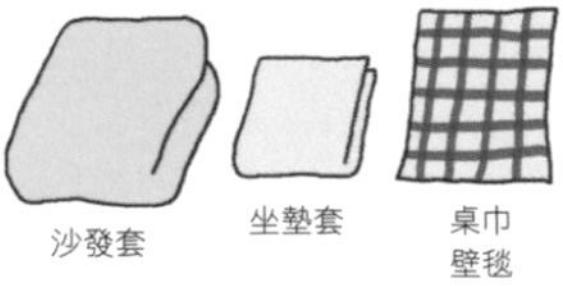

過季物品

最下方可收納過季衣物或床單等備品。

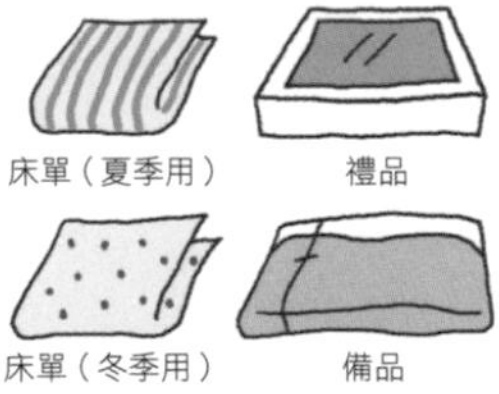

家電用品

又大又重的家電用品須放在下層，經常使用的吸塵器，最好放在拉門打開馬上就能拿得到的位置。

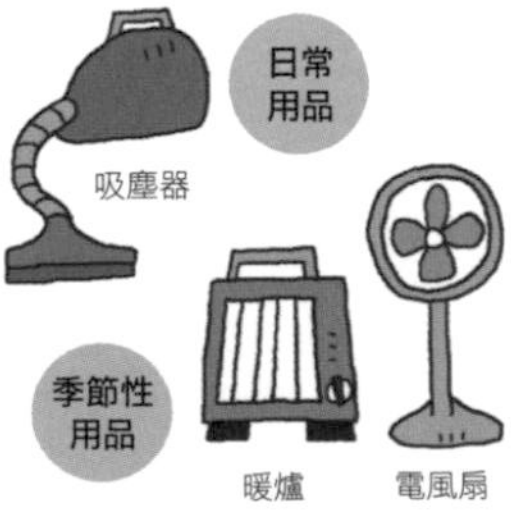

紀念品

相簿或紀念品不會經常翻閱，可收納在一起。

•［圖解］壁櫥下層物品收納的位置•

不會常拿出來的物品收納在後方

不會經常翻閱的相簿或紀念品，須放進紙箱中，統一收納在後方。

收納 idea 1

夏季與冬季的家電用品放在前後方

夏季與冬季的家電用品，須分別收納在前後方。若能再加上滑輪的話，替換時將更為簡單。

收納 idea 2

收納盒與櫥櫃的間隙，也要善加利用

收納盒上方若出現收納盒與廚櫃的間隙，也要善加利用，可鋪上一片 PP 瓦楞板，就收納使用中的睡衣等較薄的物品。

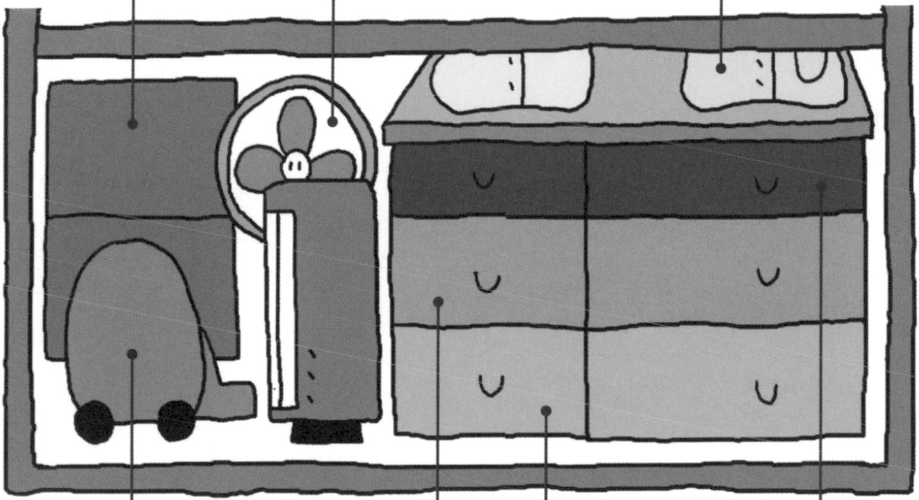

大又重的家電用品放在下層

日常使用的吸塵器須放在前方，季節性的家電用品則應分別收納在前方與後方。

布料織品放中間

抽屜中間層可收納沙發套或坐墊套等布料織品。

最下層收納過季物品或備品

抽屜最下層不方便拿取，所以可用來收納過季的床單或禮品。

家居服或毛巾放在最上層

抽屜式收納盒增設好了之後，最上層可收納家人的家居服或毛巾類。

和室收納 1

頂層收納物不常用，但須一目了然

箱子須貼上標籤，標明內容

收納在壁櫥頂層，多為不常用的物品，如季節性節慶用品、紀念品、少看的書本、不常聽的ＣＤ、旅行箱等等，而且一旦收納在後方，就很難取用。

須將物品依照主題分類，再放進紙箱中，並善用頂層的縱深，**將箱子前後排放整齊，並貼上標籤**，才能馬上知道箱子裡頭收納了什麼東西。

• 放在頂層且不常用的物品 •

季節性和節慶用品

每年只會拿出來使用一次的節慶用品，須統一收納。再貼上標籤，使收納物品一目了然。

紀念品

禮品、捨不得丟的紀念品和相簿。

不常使用的包包

旅行用的包包須放在此處，大型物品如旅行箱，則要收納在後方。

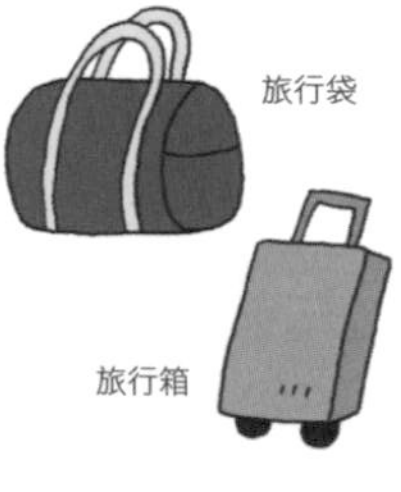

捨不得丟，想保留的物品

捨不得丟、想保留下來的書本或CD，收納時須裝進箱子裡，每隔一段時間就要檢查裡頭裝了些什麼。

• 櫥櫃頂層的收納，活用箱子和標籤 •

收納 idea

依照不同主題分類後裝箱，貼上標籤註明

利用頂層收納時，物品須依照不同主題放在一起，再裝進紙箱中。不容易拿取的箱子則須註明內容物。只要分別貼上標籤，需要時就能馬上取出使用。

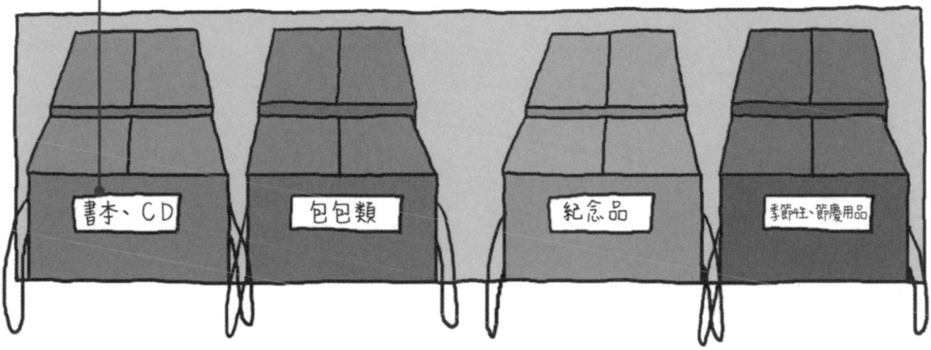

memo

在後方箱子加裝繩子，就能連同前方箱子一起拉出來

將箱子前後排列，就能善用頂層的縱深進行收納。但若想將後方的箱子拿出來的時候，非得先把前方的箱子取出才行，實在很麻煩。其實只要在後方箱子加裝繩子拉到前方來，想拿取後方箱子時，只須將繩子直接往前拉，就能連同前方箱子也一起拉出來了，十分方便！

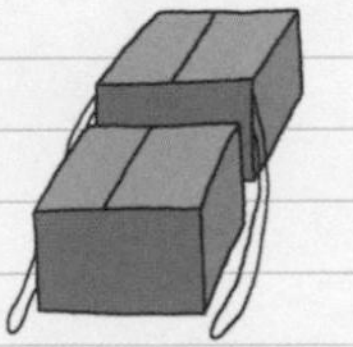

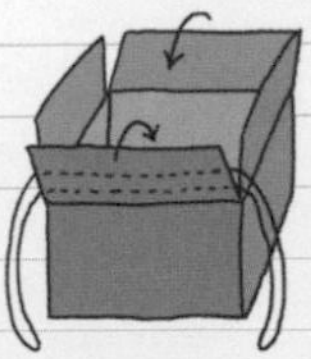

將繩子綁成圓圈，掛在箱子前方的蓋子後闔上蓋子，最後再整個翻過來，就能開始收納物品了。

壁櫥裡的東西又多又雜，如何整理？

你家的壁櫥裡，也是東西亂七八糟，又難以分類嗎？按照以下步驟，就能重新獲得絕佳的收納空間。

除濕劑都已經
吸飽水氣了

POINT 1 檢查所有物品的收納位置

先檢查壁櫥的狀況，順便確認哪裡是「方便取用的地方」，以及哪裡是「不方便取用的地方」。

先把全部的東西
拿出來看看
但得先空出地方
來才行……

POINT 2 將不要的物品處理掉

只將不要的物品拿出來處理掉，猶豫不決的物品則先放進「猶豫箱」中。

不需要
猶豫
很常用

POINT 3 將保留下來的物品分類

整理需要的物品，依照不同品項進行分類，再依照使用頻率高低加以分類。

太好了
愛漂亮
名言錄

POINT 4 思考物品最佳收納位置

思考每件物品最佳的收納位置，經常使用的物品，須固定放在「視線等高的位置」或「前方」。

POINT 5 配合物品的特徵選擇收納用品

衣物須放在抽屜式收納盒中、較重的物品最好裝上滑輪，配合收納物品思考不同的收納方式，以及收納用品的搭配組合。

POINT 6 確認壁櫥的大小

購買收納用品前，須測量壁櫥的大小。應正確測量尺寸並注意寬度與縫隙，避免發生收納櫃擺不進去，或是抽屜拉不開。

POINT 7 放進收納盒中

將收納盒放在在步驟④規畫好的位置上。並善用層架或抽屜，使空間的運用達到最大極限。

POINT 8 發揮巧思以便取用

將物品直立收納在抽屜裡、用繩子在箱子上裝上把手再放到頂層裡等等，多點巧思就能方便取用。

我是宅配員，
每天都在這一區
穿梭，宅配包裹。
只剩2家要送了
噗噗噗噗噗噗……
叮咚
這一家的主人，
有您的宅配
來了——
常常找不到印章，
蓋、蓋這個可以嗎？
這是我們家傳家之寶的印章……
也有芋頭刻的印章喔
簽名就行了……
要找零錢時，
不知道為什麼，總是從放在玄關的存錢筒，
手忙腳亂地拿錢出來。
因為可以馬上拿錢出來付，所以很方便
嗯~~！還差10圓！
……
321
我晚點再過來好了
倒不如直接去拿錢包過來付錢，還比較快吧
不過，我卻沒膽子說出口……
不好意思~
咔鏘

叮咚
這一家的主人，
來了——
有您的宅配
印章很快就會拿出來，
請用
印章
感謝招待～
玄關總是會擺放準備好的茶點。
我的原則是，在玄關也要讓客人賓至如歸
呵呵
您還真是好客呢——
而且，玄關還有另一個特色，
有一區放滿了先生的帽子，
今天就戴這頂吧
外出或客人來訪時，在玄關就能拿出需要的東西來。
我要出門了！
話說回來……
我家也應該稍微整理一下了……
我也，該重新檢討一下，玄關到底該放什麼東西了。
我家都擺這些！
MAP

玄關收納 1

玄關空間小，收納好用又方便的東西

以收納量或使用方便性為優先考量

你家的玄關，是不是常會因為鞋子太多而變得雜亂不堪？大家先想想看，什麼東西放在玄關會更方便？外出時必需的物品、收宅配或郵件時用得到的物品等等，這些東西放在玄關，就會很方便。

另外，**先思考鞋櫃的使用方式，再決定鞋子該如何收納**，例如「想要盡可能收納大量鞋子」，或是「希望鞋子取用方便」，再開始進行收納。

• 除了鞋子，玄關還能放什麼？ •

住　衣

鞋櫃

鞋櫃裡除了收納鞋子之外，還可收納其他放在玄關使用會更方便的物品。例如下雨時使用的雨傘、鑰匙、鞋油、鞋把等等。

（鞋子、雨傘、帽子、鞋把、鞋油、鑰匙）

住

儲藏室

儲藏室可收納舊報紙、衛生紙等消耗品的備品、別處較難收納的長型物品、打掃用品、日常使用的工具、DIY 用品、修繕零件、打包用品等等。

（舊報紙、衛生紙等消耗品的備品、吸塵器或地毯等長型的物品）

住 衣

鞋子、雨傘、帽子、鞋把、鞋油、
鑰匙等等

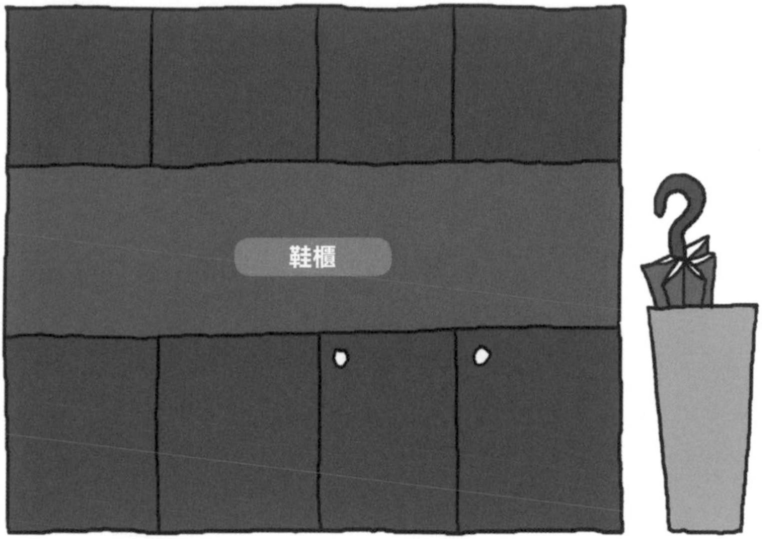
鞋櫃

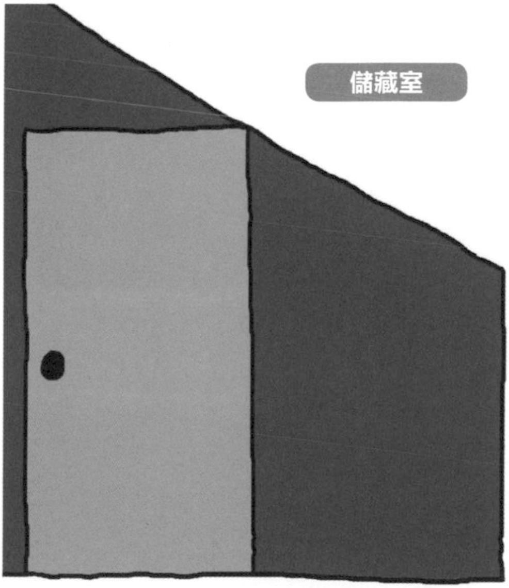
儲藏室

住

舊報紙、衛生紙等消耗品的備品、吸塵器或地毯等長型的物品

雖然擺放
不常用的東西，
也要好好收納才行

玄關收納 2

收納外出必需物品，以便使用

你會在玄關做什麼？

外出時必需的物品總是得東找西找，例如帽子或折傘，老是令人傷透腦筋；玄關四周的收納必須更用心，才能讓生活更方便。想想看，**你會在玄關做些什麼事？這時候又會使用到什麼東西？**再將這些東西收納在玄關處。

瑣碎的小東西利用抽屜式收納盒，就能收納得很整齊；外出時容易忘記帶的鑰匙、手錶、手帕、面紙等等，也要有**固定位置**，使用起來才會更方便。

將收納在玄關周邊的物品進行分類

外出時或生活中所須的物品

瑣碎的小用具，須放在鞋櫃上方或鞋櫃中的固定位置。只要養成物歸原位的習慣，就能減少忘東忘西或找東找西的情形。也可利用軟木公佈欄或抽屜式收納盒，就能整理得十分整齊。

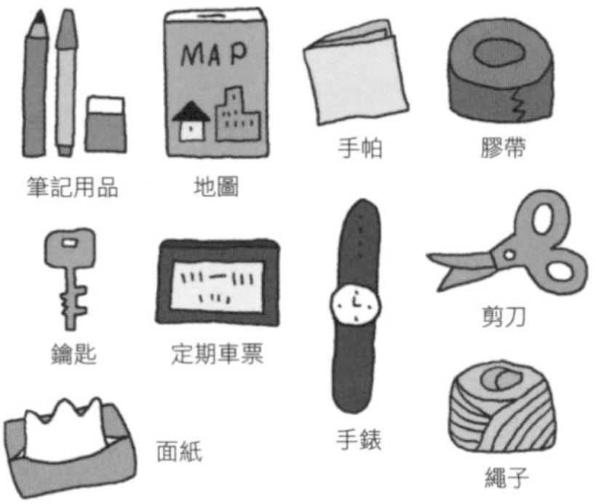

兒童玩具

戶外使用的玩具須準備專用的籃子或架子進行收納，再將收納位置妥善規劃好，以免亂七八糟。

雨傘

雨傘只將夠用的數量收納在傘架即可，折傘則要統一放進盒子或箱子裡，收納在鞋櫃的下層。

‧[圖解]玄關四周的物品擺放位置‧

零碎的小物，利用抽屜式收納盒

瑣碎、體積小的物品，用抽屜式收納盒避免亂七八糟。

明信片和郵件通知書釘在軟木公佈欄上

軟木公佈欄可以固定用來張貼健檢通知書、活動簡介明信片。

雨傘數夠用就好

雨傘只將夠用的數量收納在傘架即可，折傘則放進盒子，再收納到鞋櫃裡。

在戶外玩的玩具，放在專用籃子或架子上

戶外玩的玩具很容易擺放得亂七八糟，所以應準備專用收納的籃子或架子。

收納 idea 1

在門板後方黏上掛勾，吊掛鞋把或袋子

活用門板後方作為收納空間，只須黏上掛勾，就能吊掛鞋把或袋子。另外黏貼掛勾時記得先確認位子，以免撞到層架。

收納 idea 2

鞋子不一定都要放入鞋櫃

小孩子每天都會穿的鞋子，不妨直接擺著即可。但是為了避免給人凌亂不堪的感覺，最重要的就是規劃擺放位置，例如磁磚上或鞋櫃下方。

依「鞋款」分類鞋子

只保留「常穿」的鞋子就好

鞋櫃的收納總是很令人傷腦筋，鞋子太多、鞋櫃總是塞不下全家人的鞋子、不知道如何妥善收納長靴等等，其實鞋櫃收納的重點，就是找出一定會穿的款式，並收納於適當位置。

首先，將鞋櫃裡的鞋子全部拿出來，檢查看看哪些鞋子還會穿、哪些鞋子不會穿，**並將實際會穿的鞋子保留下來即可**。接著再思考一下，想讓鞋櫃收納大量物品，或是以使用方便性為優先。

•［圖解］鞋櫃中的鞋款分類•

想讓鞋櫃收納大量鞋子時

依照不同高度或不同款式收納

依照不同高度或款式收納，就不會浪費空間，甚至連過去被分類為放不進鞋櫃裡的過季鞋子，也全部都能收進鞋櫃裡。

依照鞋子不同高度收納

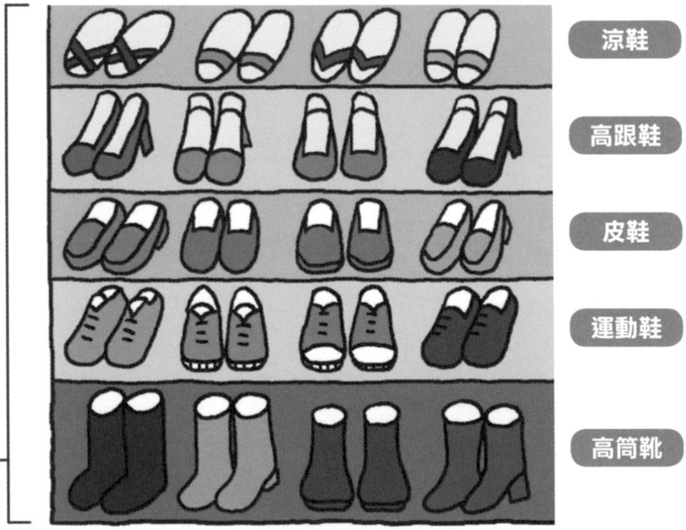

以使用方便性為優先時

❶ 依照家中不同的成員

依照家中不同成員、不同季節分類後，再依照使用頻率分類，就能讓收納後的鞋子方便找、方便穿。

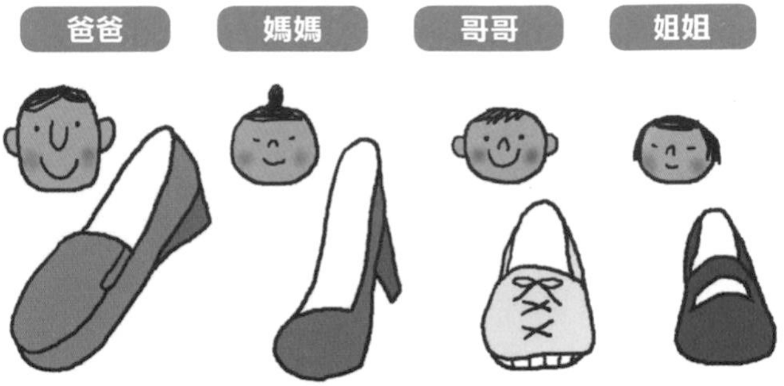

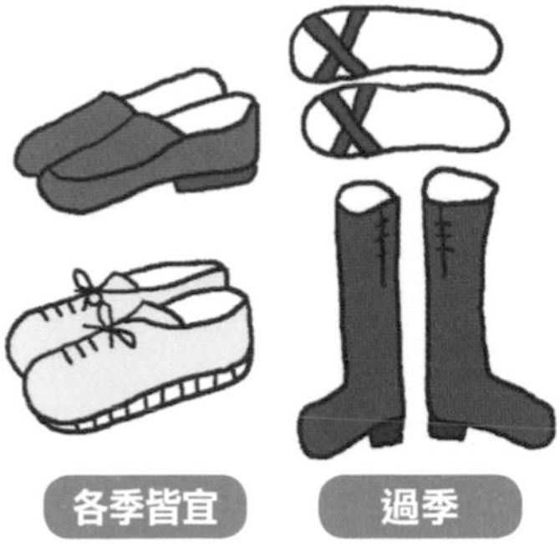

➡收納技巧：依照使用頻率，按照❶～❽的編號順序進行收納。

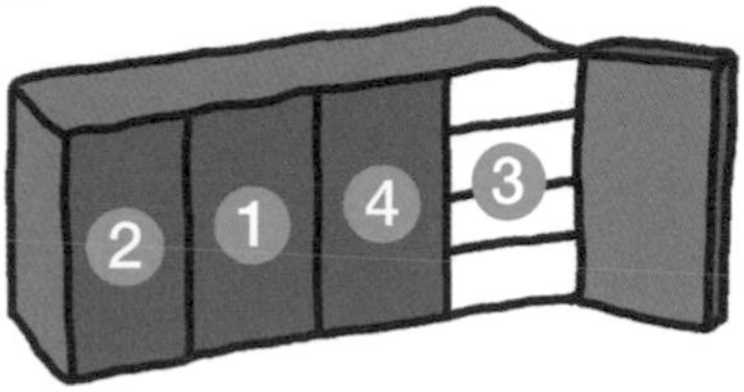

❷ 依照不同季節

依照不同季節分類，也是收納的基本方式之一。將鞋子區分成「每季都可穿」與「過季」兩大類，非當季的鞋子則收納在鞋櫃上層。但是當數量太多時，則應放在其他地方保管。

❸ 依照使用頻率

分類時，須依照常穿的鞋子、每週穿一次的鞋子、很少穿的鞋子等使用頻率進行分類。收納技巧就是依照使用頻率，按照插畫上❶～❽的編號順序進行收納。穿著頻繁的鞋子應收納在方便取出的地方，若為對開式鞋櫃時，方便使用的位置則是最靠近自己，可打開的門板位置。

鞋子以外的物品，如何收納

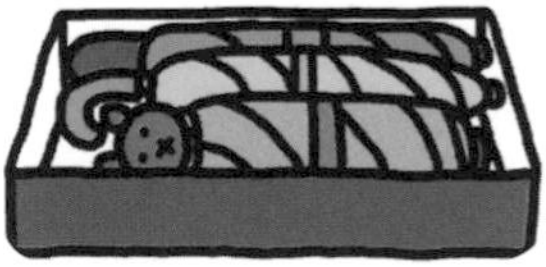

折傘

將折傘放在櫃子裡，使用起來最方便，但收納時須放進盒子或箱子裡。

鞋油或刷子

擦鞋時不可或缺的鞋油或刷子，也要統一收納在鞋櫃裡。

各式各樣的鞋子，如何收納最好？

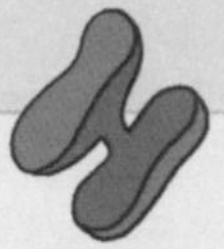

收納 idea 1

鞋子左右腳成雙疊放

正式鞋款或過季鞋子，可收納在上層。再利用「Z字型鞋架」，將鞋子的左右腳成雙疊放，善用層架的高度，就能收納許多鞋子。

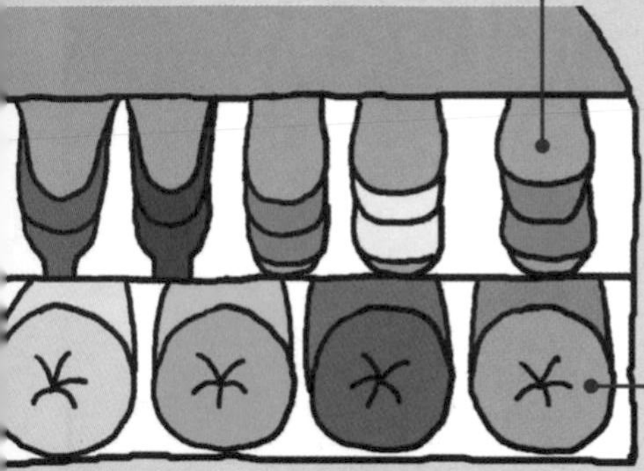

收納 idea 2

利用袋子和網袋增加收納量

束口袋方便拿進拿出，而且比鞋盒更不佔空間，還能看得見裡頭的內容物，使用起來十分方便。也很適合用來收納海灘拖鞋、過季鞋子、兒童備用鞋。

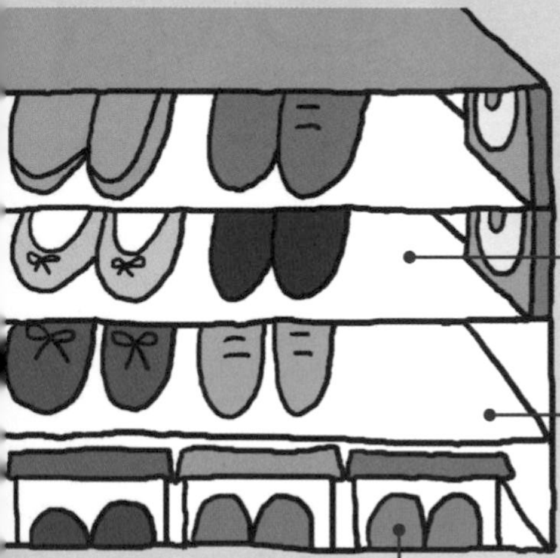

上層收納爸媽的鞋子

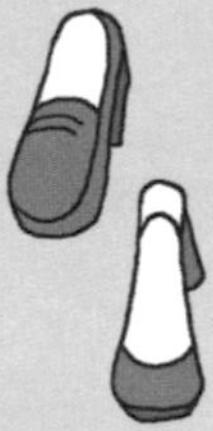

依照不同的家庭成員，規劃收納的範圍。另外，穿了會磨腳的鞋子，或是款式不喜歡的鞋子就得處理掉，嚴格挑選鞋櫃裡所收納的鞋子。

下層收納小朋友的鞋子

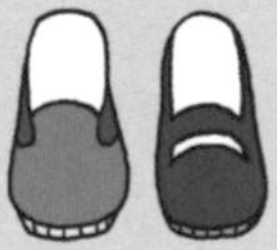

小孩子身高較矮，所以兒童鞋應擺在下層，方便取用。

收納 idea 3

將鞋盒側面開洞，使內容物一目了然

裝在鞋盒中的鞋子，因為看不見款式，需要時還得打開翻找，很不方便。只要將鞋盒側面開洞，就能一目了然，馬上找到今天要穿出去的鞋子。

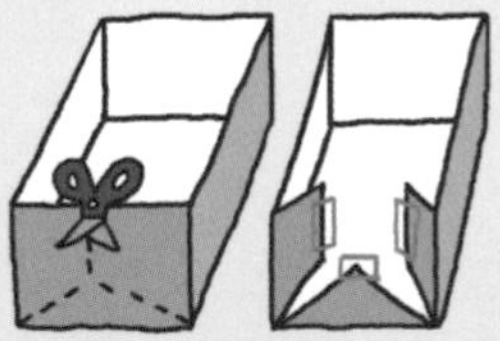

收納 idea 4

靴子左右腳反過來，橫著擺放

靴子橫放會比直放更節省空間。而且只要左右腳上下反過來擺放，就能善用層架的縱深，達到節省空間的目的。

收納 idea 5

利用鞋盒，自製可收納2雙鞋的鞋架

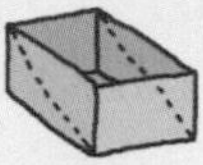

準備較大的男用鞋盒，拿掉盒蓋，將鞋盒從兩側斜剪開來。

↓

將下方鞋盒翻過來，並將盒蓋翻面放在上頭，用雙面膠固定。

↓

相同空間可上下收納兩雙鞋。穿著頻繁的鞋子應放在盒蓋上頭使用。

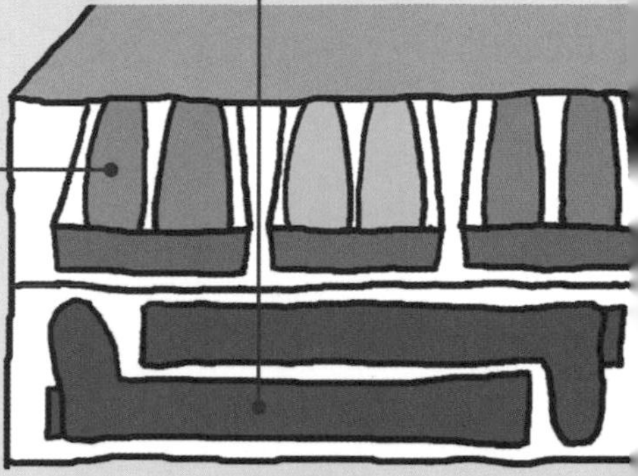

收納 idea 6

利用 DVD 或 CD 盒調整層架高度

當層架出現較大的空間時，不妨增加層板。倘若沒有層板架止洞孔可供使用的話，其實只須將 DVD 或 CD 的空盒子貼在四個角落，再將層板放上去，就能簡單調整層板的高度了。

折傘

折傘須依照家人數量，統一放在盒子或箱子裡，收納在最下層，再當作抽屜拉出來使用。

鞋油與刷子套組

利用有隔層的三十九元商品收納鞋油與刷子類，不但容易整理，也能馬上拿出來用。

玄關收納 4

儲藏室的收納，依照物品尺寸分類

平時看不見，容易亂堆物品

有些家庭的玄關旁邊或樓梯下方，總會有一點點空間可用來當作儲藏室。但很令人意外的是，這些地方通常未好好利用，還會因為平常看不見，而變得凌亂不堪。

儲藏室的收納重點，就是從收納物品的尺寸分類。首先，想想看什麼東西可以收納進儲藏室裡，**善用空間的縱深與高度**，就能實現最聰明的收納方式，再利用**層架或掛勾**，活用每一吋空間。

• 將收納在儲藏室的物品進行分類 •

難以收納的長型物品

體積又長又大的物品很難收進小空間裡，所以可統一收納在一起。

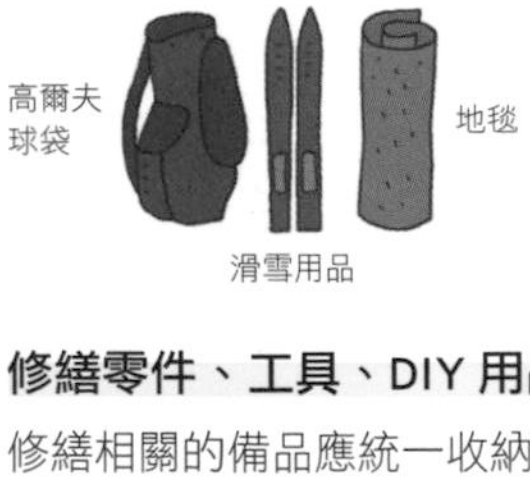

打掃用品

使用頻繁的吸塵器，可收納在門打開後馬上可取用的位置。另外手持式膠黏滾筒等小東西，則可吊掛起來收納。

舊報紙回收區

舊報紙、舊雜誌的回收區須設在最下方。再利用附滑輪的箱子收納，以利移動。

修繕零件、工具、DIY 用品

修繕相關的備品應統一收納，瑣碎物品則要裝進盒子裡，DIY 用品再另外收納在一起。

消耗品的庫存

面紙或紙類等較輕的備品，應全部收納在層架最上方。

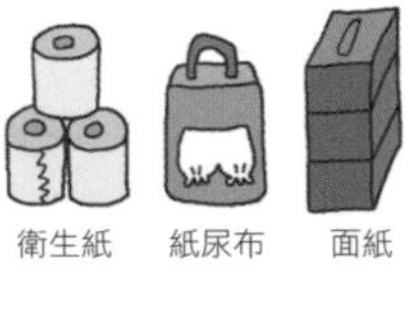

打包用品

打包時必備的工具須全部收納在一起，以方便使用。必要的話，連傳票或筆也可以放在這裡。

•［圖解］儲藏室內收納物品的位置•

收納 idea 1

保留可收納長型物品的區域

依照收納物品的尺寸，將儲藏室內部進行分區。例如地毯等長型物品的收納區域應先規劃好，然後再規劃瑣碎物品的收納位置。

修繕相關備品

電燈泡等備品，應統一放進盒子裡，並收納在層架最上方。

DIY 用品收在有隔層的盒子裡

DIY 相關工具或螺絲，收納時須放在有隔層的工具盒中。

打包用品

例如繩子、膠帶、剪刀、美工刀等打包用品，須統一放在盒子裡。

舊報紙等較重的物品放在最下方

較重的舊報紙或雜誌須放在最下方。並使用附滑輪的盒子，以方便移動。

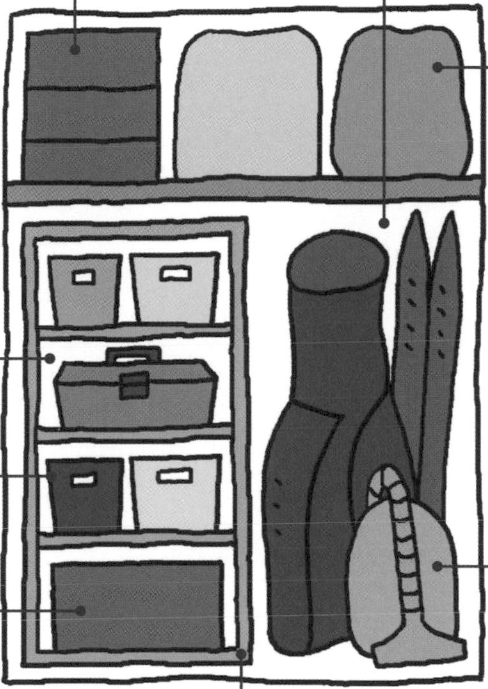

較輕的消耗品收納在層架最上方

面紙或衛生紙這類重量比較輕的物品，須放在儲藏室最上方。

常用的吸塵器須放在門一開就可取用的位置

每天使用的吸塵器應放在門打開馬上可拿取的位置，以方便使用。

收納 idea 2

**在牆壁黏貼掛勾，
吊掛較輕的小物品**

其實牆壁也是很棒的收納空間。只要黏上掛勾，就能將較輕的物品吊掛起來收納。

收納 idea 3

**無層架的儲藏室，可利用方型空櫃
或架子打造層架**

當空間有縱深且夠高時，切記收納時一定要「準備層架」。只須利用市售的方型空櫃、組合式層架和架子，就能大大提高收納效率。

我叫毛毛，
是一隻家貓，
現在住在
暮夜子家裡。
不久之前，
跳——
因為地板上
東西太多，
我還把一疊疊
的雜物，當作
踏腳石在玩。
啊——會翻倒~
就連頭頂上，
也有一座座
的高山，
相當刺激。
抖
住、住手
樂
刺激
對我來說，
這個家住起來
相當有趣。
不過，
思——
對於人類來說，
放到哪裡去了？
好像很容易
神經緊繃，
真希望有個地方
可以落腳
或是
焦躁不安，
住起來
不是很舒服。
嗯——

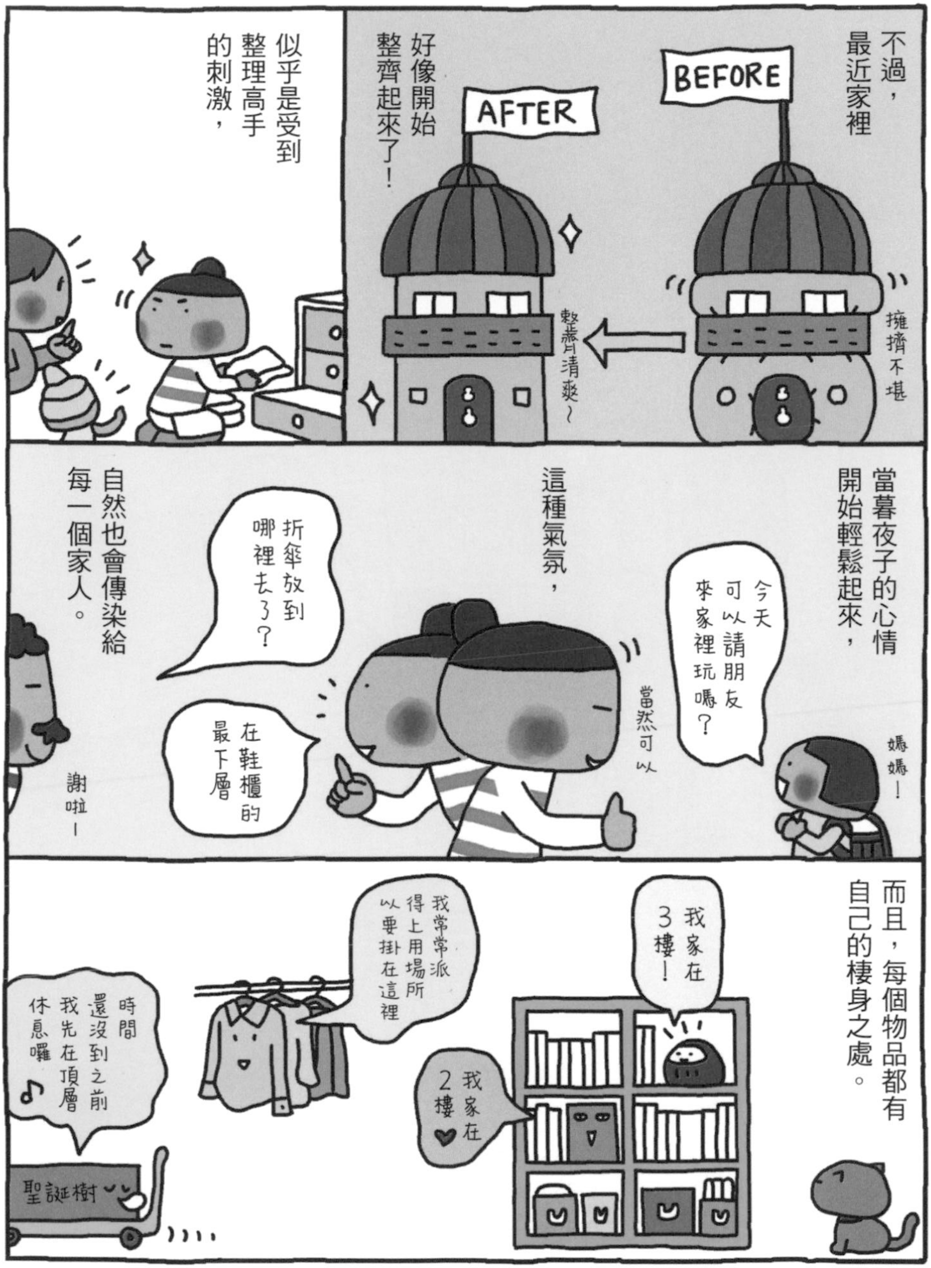
不過，最近家裡
BEFORE
擁擠不堪
AFTER
整齊清爽～
好像開始整齊起來了！
似乎是受到整理高手的刺激，
當暮夜子的心情開始輕鬆起來，
媽媽！
今天可以請朋友來家裡玩嗎？
當然可以
這種氣氛，
折傘放到哪裡去了？
在鞋櫃的最下層
謝啦！
自然也會傳染給每一個家人。
而且，每個物品都有自己的棲身之處。
我家在3樓！
我家在2樓♥
我常常派得上用場所以要掛在這裡
時間還沒到之前我先在頂層休息囉♪
聖誕樹

此外，最叫人開心的，就是我終於有一床軟綿綿的床鋪了。
鄰居佩琪子小姐友情贊助～
暮夜子不穿的毛線外套
軟綿綿～
叮咚——
有您的宅配——
宅配員來了
印章麻煩一下
不然——用簽名也沒關係
不用！我把印章準備好了
請喝杯麥茶吧！還有銅鑼燒！
什麼！啊～謝謝
謝謝招待
因為整套茶具都放在玄關備用了
隨時來都能用茶點

以前，家裡的東西總是到處亂放，
雖然身為貓咪，沒什麼特別的感覺，
不過，現在的家，
好了——要來準備晚餐囉——
還有什麼沒用完的蔬菜呢——
啦啦啦 啦啦～～♪
啊！既然還有薑的話，
那就來做薑燒料理吧～
太好了
最近，暮夜子都會盡可能地
把我們這些沒用完的蔬菜用掉，
所以冰箱裡頭相當整齊，住起來很舒服呢！
太好了～
不論是家人，還是家中的物品，
好像都很開心，
怎樣？
好吃
我也比較喜歡家裡現在這個樣子。
不過……
我的飯，怎麼還沒準備好？

生活樹系列 021

超圖解收納術

【丟棄・分類・收納】3步驟，好運來敲門

すっきりをキープ収納術

監　　修　本多弘美
繪　　者　今井久惠
譯　　者　蔡麗蓉
主　　編　賴秉薇
封面設計　張天薪
內文排版　許貴華

出版發行　采實出版集團
行銷企劃　黃文慧・王珉嵐
業務發行　張世明・楊筱薔・李韶婕
會計行政　王雅蕙・李韶婉
法律顧問　第一國際法律事務所　余淑杏律師
電子信箱　acme@acmebook.com.tw
采實官網　http://www.acmestore.com.tw/
采實文化粉絲團　http://www.facebook.com/acmebook

ISBN　978-986-5683-83-2
定　　價　299元
初版一刷　2015年11月27日
劃撥帳號　50148859
劃撥戶名　采實文化事業有限公司
104台北市中山區建國北路二段92號9樓
電話：02-2518-5198
傳真：02-2518-2098

國家圖書館出版品預行編目(CIP)資料

超圖解收納術：【丟棄・分類・收納】3步驟，好運來敲門／本多弘美；蔡麗蓉譯-初版- -臺北市：采實文化,民104.11面；公分.--（生活樹系列；21）譯自：すっきりをキープ収納術

ISBN 978-986-5683-83-2
1.家庭佈置
422.5　　104021775

采實文化